新遗产城市

世界遗产观念下的城市类型研究

李玉峰　著

中国建筑工业出版社

图书在版编目（CIP）数据

新遗产城市　世界遗产观念下的城市类型研究／李玉峰著．—北京：中国建筑工业出版社，2012.7
ISBN 978-7-112-14515-7

Ⅰ.①新…　Ⅱ.①李…　Ⅲ.①城市规划－研究　Ⅳ.①TU984

中国版本图书馆CIP数据核字（2012）第160428号

责任编辑：唐　旭　张　华
责任校对：肖　剑　王雪竹

新遗产城市
世界遗产观念下的城市类型研究
李玉峰　著
*
中国建筑工业出版社出版、发行（北京西郊百万庄）
各地新华书店、建筑书店经销
北京京点设计公司制版
北京中科印刷有限公司印刷
*
开本：787×960毫米　1/16　印张：12¾　字数：160千字
2012年7月第一版　2012年7月第一次印刷
定价：48.00元
ISBN 978-7-112-14515-7
（22582）

序　言

阮仪三　2012.2.20

城市的发展出现了许多弊端，造成了人类对健康生存以及和谐相处的忧虑。自古以来就有不少学者探索“理想城市”的模式，希望能摆脱城市面临的困境。这些努力无疑给我们有重要的启迪，有些研究确也指导着当今城市向合理的途径发展。

20世纪发展起来的全球保护世界文化和自然遗产的运动，使人们重新审视了人类在地球上生存和文化活动中留存下的有价值的东西。“城市”作为一项特殊的文化遗产类型被纳入其中，人们开始认识到自己创造出来的杰出范例，是人类文明或文化传统的特殊见证，必须加以认真保护，而使之能流传千古，因为从中可以汲取人类在建造和经营城市中所凝聚的智慧结晶。

作者受启于此，没有因循以前研究城市的轨迹，而别开生面地以“世界遗产”作为概念原型，展开“新城市类型”的思考，从文化维度研究城市类型和发展模式，开拓了新的思路，也对保护世遗的意义和作用有了新的诠释和理解。

城市是一个复杂的综合体，作者正是凭借其经济学、社会学和艺术学交叉的学术背景，以跨专业的视角来探讨城市规划和设计的方法。“新遗产城市”的概念中提出的观念模式、设计模式、价值模式、空间模式以及造型模式等都有别于传统的城市规划与设计，富有新意，希望能在实践中不断得到检验和完善，使之能切实对当今城市的发展有所帮助，并以此创建新的城市理论和学科体系。“新遗产城市”也将对城市遗产的保护和合理利用起到积极有效的作用。

自　序

李玉峰

三次重要的世界运动

城市化运动 据统计，1800 年的世界城市人口只占全世界总人口数的 3%，截至 2000 年，这个指标已近超过 50%，其中，欧美发达国家城市人口比例已经达到 80%，而亚洲和非洲国家只有 30% 左右。按照联合国的预测，到 2030 年，将有超过 60% 的人口生活在城市。到 2015 年，全世界将有 358 个人口超过百万的城市，其中有 153 个在亚洲地区。在人口超过 1000 万的城市中，亚洲将占到 15 个。[①]作为人类文明最大的产物，城市的发展与人类的生存方式、幸福程度息息相关。

“中国的城市化”和“美国的高科技”被西方学者并列为将影响 21 世纪人类发展进程的两大关键因素。可以预见，作为人口数量最多、经济发展速度最快的发展中国家之一，中国未来 50 年的城市化进程将会在资源供需、经济发展、科研技术以及文化产业等各个领域对全世界产生举足轻重的影响。有研究表明，中国目前城市化正处于“人与自然”和“人与人”关系的瓶颈约束期，是“经济容易失调、社会容易失序、效率与公平需要调整和重建”的关键时期。而“人口与就业压力”、“能源超常利用压力”、“生态环境改善压力”、“基础设

[①]中国城市科学研究会．中国低碳生态城市发展战略．北京：中国城市出版社，2009.

施配套压力”和“社会保障体系压力”则成为后续发展中面临的主要挑战。[①] 具有前瞻性和创造性的“新城市类型”的研发和实践将成为中国应对发展困境和挑战的重要手段之一。

可持续发展运动 1972年，联合国人类环境会议发表《斯德哥尔摩人类环境宣言》引发的全球“可持续发展运动”。1980年，将可持续发展定义为“在满足当代人需要的同时，不损害人类后代满足其自身需要的能力”。人类首次用理性的态度正视和反思自己的生存动机和发展模式，可持续发展已经成为全世界最具有普世意义的观念之一。

世界遗产保护运动 1972年，联合国教科文组织（UNESCO）颁布的《保护世界文化和自然遗产公约》，首次在世界范围内进行类型遗产评估和保护计划，世界遗产被定义为“祖先留给全人类共同的文化财富”。[②]一系列针对不同类型遗产的“评价标准”也由此诞生。作为“人类最杰出的创造物”的城市也被列入世界遗产目录，遗产城市联盟于1991年成立。目前，遗产保护已经成为影响至深的一种全球性运动，以保护和传承人类共同遗产为宗旨的遗产文化也因此应运而生。

[①]中国城市科学研究会．中国低碳生态城市发展战略．北京：中国城市出版社，2009.

[②]顾军，苑利．文化遗产报告：世界文化遗产保护运动的理论与实践．北京：社会科学文献出版社，2005.

理想动机下的朴素观念

中国老庄学说中出现的“乌有乡”，古希腊柏拉图的“理想国”和英国人莫尔提出的“乌托邦”是历史上有关理想社会的几个重要概念，它们一直以来成为人们探寻“理想城市”重要的概念原型。

近二百年来，为应对社会、经济、环境和文化领域此起彼伏的发展困境，出现了以花园城市、明日城市、广亩城市、宜居城市、工业城市、健康城市、可持续城市、遗产城市、低碳城市等为代表的城市类型概念，它们代表了人类城市化进程的历史性成就，也是“新城市类型”研究的重要理论基础。

英国学者彼得·霍尔（Peter Hall）城市规划发展史的“七段论”认为，人类自 19 世纪以来经历了从“病理学”，“美学”，“功能”，“幻想”，“更新视野”，“纯理论”，“企业、生态以及再从病理学”七个不同视角研发城市的阶段，它清晰地勾勒出传统城市类型和相关学说的产生背景和方法渊源。

事实显现，以环境美化、社会公平、产业进步、空间集约、健康指数、节能减排等技术性动机产生的城市类型概念，不同程度地呈现出“头痛医头，脚痛医脚”的动机特性，这种以管窥豹、以偏概全的动机类型和发展观念往往使城市的发展陷入了急功近利、顾此失彼的博弈常态。如何从更本质的层面探究城市发生和发展的动机和目标，寻求具有普世和深远意义的发展观念和评价标准变得至关重要。

联合国教科文组织在 1972 年发起了世界遗产保护运动，颁布了《保护世界文化和自然遗产公约》和世界遗产评价标准，城市作为一项特殊的文化遗产类型被纳入其中。世界文化遗产标准选择了从“历史、艺术或科学”的多维角度评判和审视城市的“普遍价值”，将“独特的艺术成就”，“对人类文明或文化传统的特殊见证”，“对城市、建筑设计带来的重要的影响”，“人类重要阶段的杰出范例”以及“与特殊人类观念的联系”等作为评价遗产城市的核心要领。遗产城市也因此成为特殊的城市类型概念在1991被提出，特拉维夫、巴西利亚等城市被纳入其中。

与花园城市、广亩城市、宜居城市等传统城市类型关注社会、经济、环境等某一个和几个技术性范畴不同，遗产城市更注重在“观念性”（方法论的核心）、“艺术性”（思维的整体性）、“历史性”（可持续发展的时间要素）和“价值性”（存在的普遍意义）等领域审视和评价城市，在更高远和深刻的层面触及城市的本质要素，这给作者的研究带来重要启发。

如何通过对世界文化遗产体系，特别是“遗产城市”中蕴含的知识、常识和智慧（在现实中后两者多处于被忽视和难以明辨的令人遗憾的状态）的不断认知，避免“头痛医头，脚痛医脚”的发展模式，从艺术、学术而非技术，系统而非细节，价值而非价格，时间而非空间，方法而非方案的范畴审视城市的发展动机和衍生模式，探讨具有遗产价值的新城市类型，这可能是具有特殊意义的学术命题。其中，对影响城市产生和发展的价值观念和评价标准这两种典型文化要素的重新理解和系统建立，成为学术研究的起点和重点。

经过对历史上若干经典理想城市概念原型和现代城市概念类型的回顾，展开了对塑造新城市类型的方向和方法的思考。在世界遗产运动和遗产城市的启发下，提出了“符合世界遗产标准的（新）城市可以有意识创造”的观念性结论和“新遗产城市”概念性结论。“新遗产城市”被定义为“以‘世界遗产标准’为参照，以‘贮存、流传和创造文化’为使命，最终衍生为‘世界文化遗产’的新城市类型”。

观念模式、造型模式、价值模式、规划模式、设计模式和空间模式等构建“新遗产城市”的方法模式在此基础上进行了探讨。

目 录 | CONTENTS

“科学可以创造文明，但不能创造文化，
仅仅在科学统治之下，人们的生活将变的枯燥无味，
……工程师是科学家，并且可能也有独创精神和创造力，
但他不是一位有创造的艺术家。”

——弗兰克·劳埃德·赖特（Frank Lloyd Wright）

第一部分　方向

方向

（1） Direction；Orientation

（2） 指东、南、西、北等

（3） 正对的位置，自一点向外引申的路线

（4） 思想或努力的预定途径 ※

取乎其上，得乎其中，取乎其中，得乎其下，

取乎其下，则无所得矣。

——（中国）孔子

第1章　城市原型和城市类型

1.1　城市缘起和城市理论

磁器和容器——城市的精神性和物质性

关于城市的起源有许多不同的理论学说，从历史学、地理学和心理学的角度来说，城市是人类文明进步的产物，它可能起源于古代战争防御的堡垒、自由交易物品的场所、祭神拜祖的圣地以及共同生产生活和游戏娱乐的聚居地等多种原因。根本上看，城市既是物质的，又是精神的。它是自然和人工物所构成的物体形态，也是文化所形成的心理状态。

按照美国著名的城市学者刘易斯·芒福德（Lewis·Mumford）的理论，城市是具有“磁体——容器双重隐喻”的复杂系统，他认为“最初的城市胚胎是一些礼仪性的聚会地点（墓地和洞穴），那里成为古人类定期光顾进行神圣活动的地方”。“这些地点先具备磁器的功能，即精神性聚居的意义，然后才具有容器的功能，即物质形态意义。”

除却人的动物性本能之外，造成城市聚集性空间形态的原因，可能还在于人的精神性需求（这也是人区别与动物存在的本质）。“精神因素较之于各种物质形式重要，磁体的作用较之于容器的作用重要。”换言之，城市的本质特征来源于它的精神性内涵，而作为容器的物质性则处于从属的地位。“当文字、符号等储存事物的方法发展起来以后，城市作为容器的能力就极大地增强，它保存和流传的文化数量超过任何个人所能负担的数量……依靠建筑物、组织制度、文学艺术，城市将过去、现在和未来联系在一起……”[①]

著名历史学家阿诺德·汤因比（Arbold J Toynbee）认为，城市发展是一个“灵妙化”（Etherealization）过程，就城市物质结构而言，就是容器变薄而磁力增强。“灵妙化”被认为是城市发展的必然依据之一，因为“任何物质财富无法取代美、欢乐和亲情带给人的精神慰藉”。[②]

按照另一种普遍的解释，城市概念包含“城”、“市”两个含义。城：城堡，具有防御功能，为防备野兽伤害及其他部落袭击而筑；市：市场，拥有商品交换的商业功能。随后，城市功能的合二为一，逐渐形成了城市。

显然，城市是由多元起因的相互作用下逐步形成的，精神性和物质性是城市起因的两大类型要素。城市的发展史显示，无论城市处于何种发展阶段，“精神性需求”（表现为宗教类型、氏族血缘、地方文化、价值观体系等）常常影响和引导城市“物质性需求”（表现为空间形态、建筑风貌、环境美学），它们共同形塑了城市的“起点”和“终点”，也无疑成为了城市发展的“重点”。

现代城市类型和理论

以欧文、圣西门、傅立叶等倡导的“乌托邦”、“空想社会主义”和“社会平等”等思潮被公认为是现代城市规划的重要思想起源。而“城市美化运动”（City Beautiful）、“花园城市”（Garden City）和“公共卫生改革”（Public Health

---

① （美国）刘易斯·芒福德. 城市发展史——起源、演变和前景. 宋俊岭，倪文彦译. 北京：中国建筑工业出版社，2005.

② （美国）阿诺德·汤因比. 历史研究. 刘北成，郭小凌译. 上海：上海人民出版社，2000.

Reform）被坎贝尔（Camnbell）看作是现代城市运动的重要契机。[①]近一个半世纪以来，在这些思想和契机的影响下，陆续出现了特质多样的城市类型和城市概念，其中带形城市（马塔，1882 年）；花园城市（霍华德，1898 年）；工业城市（格尼涅，1904 年）；明日城市（柯布西耶 1922 年）和广亩城市（赖特，1935 年）等具有较大影响力。而在可持续发展思潮的影响下，20 世纪 60 年代以后又相继出现了宜居城市（1976 年）、健康城市（1986 年）、可持续城市（1990 年）、遗产城市（1991 年）和低碳城市（2003 年）等新城市概念。不同的城市类型概念真实地反应和记录了不同历史条件下的城市发展动机和策略体系，具有明显的时代特征。这些城市类型概念中蕴含了大量丰富的知识、常识和智慧，是世界城市化运动中的珍贵精神遗产和“新城市类型”研究的重要理论源泉。

现代城市规划发展史有以下两种划分方式，即唐纳德·科努克贝（Donald Kruekeb）的三段式和彼得·霍尔（Peter Hall）的七段式。三段式划分模式为：（1）1880—1910 年，没有固定规划师的非职业时期；（2）1910—1945 年，规划活动的机构化、职业化时期；（3）1945—2000 年，标准化、多元化时期。七段式划分模式为：（1）1890—1901 年：病理学地观察城市；（2）1901—1915 年：美学地观察城市；（3）1916—1939 年：从功能观察城市；（4）1923—1936 年：幻想地观察城市；（5）1937—1964 年：更新地观察城市；（6）1975—1989 年：纯理论的观察城市；（7）1980—1989 年：企业眼光观察城市，生态地观察城市，再从病理学观察城市。[②]这两种断代模式从不同的视野勾勒出传统城市规划理论的方法特质，为回顾和透析近现代城市类型的学术沿革和城市类型的产生根源

[①]张京祥．西方城市规划思想史纲．南京：东南大学出版社，2005.

[②]周国艳，于立．西方现代城市规划理论概论．南京：东南大学出版社，2010.

提供了较为清晰的轮廓和独特的见地。

在有限和有效的时间和资源条件下，作者重点遴选了三个古典的理想社会概念原型，三个典型城市类型（第二次工业革命以后）和五个重要城市概念（20世纪60年代以后）作为分析案例，通过这些古典学说和经典案例的特征回顾，在方向和方法层面展开对新城市类型研究。

1.2 城市理想和理想城市

历久弥新的理想城市原型

不断追寻理想的生存形态是人类持续发展的根本动机所在，数千年的人类文明史中，出现了许许多多理想社会概念和学说，它们引导人类不断明晰发展的方向和目标，成为启迪和探索理想城市的知识和智慧源泉。

在有关理想社会的经典学说中，由中国的老子和庄子先后提出的“小国寡民”和“无何有之乡”概念，雅典哲学家柏拉图（Plato）提出的“理想国”模式以及英国空想社会主义者托马斯·莫尔（Thomnas More）提出的“乌托邦”具有一定的代表性，它们从不同视野和范畴提及理想城市和社会的核心观念、管理机制和基本要素等，这几个典型概念被奉为理想城市的经典原型。

1.2.1 “小国寡民”和“无何有之乡”（乌有乡）（庄子 中国）

在中国古典学说中，描绘理想社会和生存状态的概念出现过许多，其中，在老子《道德经》第八十章中的“小国寡民”和《庄子·逍遥游》的“无何有之乡”是较有代表性和影响力的。

图 1-1　理想城市原型概念比照

小国寡民

“小国寡民，使有什佰之器而不用；使民重死而不远徙。虽有舟舆，无所乘之；虽有甲兵，无所陈之。使民复结绳而用之。甘其食，美其服，安其居，乐其俗。邻国相望，鸡犬之声相闻，民至老死，不相往来。”[①]在这篇关于理想社会的描述中，老子在不足一百字的篇幅内，描绘了一个具有“恰当的人口和疆域规模，适度的物质资源供给，安居乐业的族群，没有战乱之争，民众们和谐相处，互不侵

① （春秋）李耳．邱岳（注评）．道德经．北京：金盾出版社，2009.

扰，一派祥和欢乐”的理想国度的重要特征。“甘其食，美其服，安其居，乐其俗”也由此被认为是理想社会状态的经典诠释。

乌有乡

“无何有之乡”出现在《庄子·逍遥游》中，“今子有大树，患其无用，何不树之于无何有之乡，广莫之野？”[①]无何有：即无有。原指什么都没有的地方，后指虚幻的境界。庄子利用“无何有之乡”的概念，向世人描绘了一种理想的生存境界。并特别提及如何在“观念”和“精神”层面摒弃世俗功利的纷扰，通过“逍遥”和“无为”的方式达到一种“无忧无虑、逍遥自在”的状态，这也是古代道家理念的终极象征。这些观念和学说对现代人的价值观塑造具有非常重要的启发意义，“无何有之乡”（有译为“乌有乡”）也因此成为描绘理想的社会模式和生存状态的代言词之一。

1.2.2 “理想国”（柏拉图 雅典）

《理想国》又译作《共和国》，是古希腊哲学家柏拉图（Plato）（公元前427—公元前347年）在大约公元前390年所写成的作品，书籍以对话录为表达形式。政治科学是本书探讨的主要内容，成为政治学领域的经典。同时也论述了优生学，家庭解体，婚姻自由，专政和独裁，共产和民主，宗教，道德，文艺，教育（包括托儿所、幼儿园、小学、中学、大学研究院以及工、农、航海、医学等职业教育），男女平权等问题，是一本综合性的探索理想社会模式的著作。

柏拉图用人体的构造来例证理想的国家和城邦模式。依照他的说法，人体由三部分构成，分别是头、胸、腹。与此对应，人的灵魂也相对的具有三种能力。

[①]（战国）庄子．朱墨青（整理）．庄子．沈阳：万卷出版公司，2009.

理性属于头部的能力，意志属于胸部，欲望则属于腹部。这些能力各自有其理想，也就是美德。理性追求智慧，意志追求勇气，欲望则必须加以遏阻，以做到自制。个体的人要达到和进入一种和谐或美德的状态，就需要依托于人体这三部分的协调运作。统治者、战士与工匠（如农夫）被认为是组成一个国家的三种主要角色，就如同人有头、胸、腹一样。同时，正如平衡与节制是健康和谐的人具备的特征一样，一个有德之国的国民都应该明了和恪守作为社会公民的角色和义务。[①]

依照柏拉图的观念，现实世界是一个“理性的世界”，其中也包括存在于自然界各种现象背后、永恒不变的模式。“理性统治”被柏拉图认为是确保国家健康发展的根本方法，他的一系列理想国家的治国方针包括：哲学家应该成为国家首脑；社会事务中男女平等；统治者与战士都应该克制私欲的影响，不能拥有私人财产；儿童从小接受哲学教育，构建理性的思维模式，克服私欲的影响；政府承担抚养和教育儿童的责任，他是第一位主张成立公立育幼所和实行全时教育的哲学家。

在柏拉图的理想国中，可以发现存在着和中国老子政治思想的一些相似之处，特别是他强调无欲和无为的观念思想。在他看来，理想国度如同一架社会的机器，每一个零件应会各得其所，各尽其职，自动维持着国家这架庞大的社会机器的良好运行。

1.2.3“乌托邦”（托马斯·莫尔 英国）

“乌托邦”是人们对某一类社会思想和行为的概括。从词源上看，它来源

[①]（古希腊）柏拉图．理想国．庞燨春译．北京：中国社会科学出版社，2009.

于16世纪英国思想家托马斯·莫尔的名著《乌托邦》（Utopia）。该书全名为《关于最完美的国家制度和乌托邦新岛的既有益又有趣的全书》，约于1516年出版。乌托邦的原词来自两个希腊语的词根：ou是没有的意思，另一个说法是eu是好的意思，topos是地方的意思，合在一起是“没有的地方”或“好地方”的意思，是一种“理想的国家模式”。莫尔在书中主要宣扬以下几种观念：(1) 财产公有，这是首要的基本原则；(2) 一切政治权力应集中于一人之手，但这必须是“善意的”专制政治；(3) 国家控制家庭生活；(4) 强调教化的作用；(5) 宗教信仰的宽容等。[①]在文艺复兴和宗教改革及地理大发现的背景下，莫尔假托一位叫拉斐尔（Raphael Hythloday）的人来叙述探险中发现乌托邦这块与世隔绝的乐土的故事。在莫尔的理想社会里，公民在政治上一律平等，人们衣着朴素，“凡年龄和体力适合于劳动的男女都要参加劳动”，“不分男女都以务农为业”[②]，生活用品按需分配。工作之余，按各人爱好开展业余活动，有充足的时间从事科学研究和娱乐。社会实现真正民主制度，官吏是人民选出的，他们勤于民政，克己奉公，并且受着有效制度的监督和制约。书中还讨论了以人为本、和谐共处、婚姻自由、安乐死、尊重女权、宗教多元等与现代人生活休戚相关的问题。

莫尔笔下的乌托邦是一个废除了财产私有制的共产主义社会，这对往后社会理论和实践的发展有深远影响[③]。今天乌托邦往往有一个更加广泛的意义，它常常被用来描写任何想象的、理想的社会，具有浓厚的理想主义色彩，常常成为现代人定义理想社会的重要概念之一。

[①]（英国）托马斯·莫尔．乌托邦．戴馏龄译．北京：商务印书馆，1992.
[②]（英国）托马斯·莫尔．乌托邦．戴馏龄译．北京：商务印书馆，1992.
[③]张隆溪．乌托邦：观念与实践．读书．1998：12（237）．

可以看出，对理想城市的解悟从主体、客体和本体不同的视角具有不同的知行逻辑和价值内涵，通过改变人自身的价值观和行为模式去适应社会和环境的变迁，在观念（及形而上）的层面和范畴建立理想的生存境地，成为老庄思想的精妙之处，这与从概念、技术等形而下范畴解析和建构理想城市的方法模式具有根本的不同，无为和无不为的辩证思想在新城市类型研究和发展的系统工程中仍然具有朴素却本质的观念价值。

“理想国”和“乌托邦”学说则通过论述和宣扬理性的城市发展制度和管理体系，以此探寻实现理想国度和美好社会的必然之道，东西方这些丰富的学说思想和主张对新城市类型研究意义深厚。

1.3 经典城市类型和概念

与时俱进的新城市类型概念

城市的变迁是评价人类社会发展水平的重要依据来源。按照芒福德的论述“人类文明的每一轮更新换代，都密切联系着城市作为文明孵化器和载体的周期性兴衰历史。一代新的文明必然有其自己的城市”。[①]城市发展始终以人对自身生活质量的变化为中心，而对生存空间和生活模式的认识、评价是人们对自身生活质量关注的结果。历史显示，追求生活和生产活动的经济性、舒适性和文化性等成为人们选择城市的根本原因。传统城市规划理论的发展沿革清晰地凸显了人们从社会、经济、文化等多个角度发现城市问题、发展新城市类型所作的种种探索。

① （美国）刘易斯・芒福德．城市发展史——起源、演变和前景．宋俊岭，倪文彦译．北京：中国建筑工业出版社，2005.

图 1-2　19 世纪以来的重要城市类型

1.3.1　花园城市（1898 年）

产生背景和基本特征

1898 年，“花园城市”（Garden City）由埃比尼泽·霍华德（Ebenezer Howard）在其著作《明日：一条通往真正改革的和平道路》（后再版时改名为《明天的花园城市》）中被提出。

第一个花园城市协会在 1899 年成立。1903 年组织“花园城市有限公司”，筹措资金，在距伦敦 56 公里的地方购置土地，建立了第一座田园城市——莱切

图 1-3　花园城市（莱切沃斯、斯蒂文奇）

沃斯（Letchworth）。1919 年，英国“花园城市和城市规划协会”经与霍华德商议后，将花园城市定义为“为健康、生活以及产业而设计的城市，它的规模能足以提供丰富的社会生活，但不应超过这一程度；四周要有永久性农业地带围绕，城市的土地归公众所有，由一委员会受托掌管。”

作为英国的社会改革家，霍华德的花园城市产生的动机、内容和途径都带有很强的社会改革色彩。“城市—乡村”这一磁铁模式成为霍华德论述如何结合城市和乡村优势的经典图示，他认为：“城市和乡村必须成婚，这种愉快的合作将迸发出新的希望、新的生活、新的文明。”这种“城乡一体化”的新城市类型将通过城市社会结构和空间结构的改变，有效推进城市环境美化、社会公平、城市形态和规模的理性发展。

按照霍华德的思想，花园城市核心规划策略包括：

• 疏散过分拥挤的城市人口，使居民返回乡村。他认为此举是一把“万能钥匙”，可以解决城市的各种社会问题。

• 建设一种人口规模适中、整合“城市的舒适”和“乡村的健康”优点于一体的“花园城市”。

• 改革土地制度，使地价的增值归开发者集体所有，这些增值部分将持续用于城市的再投资。

花园城市的空间结构和社会结构策略包括：

• 占地为6000英亩（1英亩≈0.4公顷）。城市居中，占地1000英亩；四周的农业用地占5000英亩，除耕地、牧场、果园、森林外，还包括农业学院、疗养院等，是作为保留的绿带，农业用地永远不得改作他用。

• 这6000英亩土地上，居住32000人，其中30000人住在城市，2000人散居在乡间。若干个自成体系的花园城市构成人口为5～8万人小城市群落，他称之为社会城市（Social City）。

• 总体平面类似为圆形，半径约1240码（1码=0.9144米）。中央是一个面积约145英亩的公园，有6条主干道路从中心向外辐射，把城市分成6个区。

• 各类工厂、仓库、市场设置在城市外围，通过外环道路和铁路支线连接。

• 电为动力源大量采用以降低污染，农业的肥料主要来源于城市垃圾。[①]

霍华德提出田园城市的设想后，又为实现他的设想作了细致的考虑。在由他撰写的《明日的花园城市》（Garden Cities of To-morrow）中，对资金来源、土地规划、城市收支、经营管理以及城市公共设施等问题都提

---

① （英国）埃比尼泽·霍华德．明日的田园城市．金经元译．北京：商务印书馆，2000.

出系统的建议。

除了早期在英国建设的莱切沃斯（Letch worth）和韦林（Welwyn）两座花园城市以外，在奥地利、澳大利亚、比利时、法国、德国、荷兰、波兰、俄国、西班牙和美国都建设了以花园城市为原型的新型市镇。

总的来说，霍华德花园城市的理想模式，最大化整合“城市的便利和乡村的健康”，成为花园城市的核心观念和目标，它是一种将居住空间、就业空间和生态空间有机混合的城镇形态，这是对传统城市化模式所提出的革命性的社会改革思想。

“花园城市”与“社会城市”是花园城市理论两个核心概念。从广义上看，花园城市包含社会城市的内容；从狭义上看，花园城市与社会城市是并列的，花园城市重点在于建立自成体系的城市模式，社会城市关注以单元城市组成的城市（群）的和谐发展。[①]霍华德的花园城市理论和实践在百余年来推动全球城市化发展起到了积极的作用，在世界城市规划学中占有不可替代的地位。

但我们可以看到，在进入21世纪的今天，环境污染、农业耕地减少、沙漠化侵蚀、城市无序蔓延、社会不公等仍然是我们面临的最大挑战。如何在新的历史条件下再度回顾和传承霍华德花园城市理想，在新的视野下再度审视城市和乡村这两大磁极的对人类生存的意义，从多维角度探讨“乡村城市化”和“城市乡村化”的衍生概念，以更新的观念研究和实践城乡一体化，建立面向未来的“新花园城市”模式，成为学者、政治家以及民众关注的新命题。

[①]（英国）埃比尼泽·霍华德．明日的田园城市．金经元译．北京：商务印书馆，2000.

1.3.2 明日城市（1922 年）

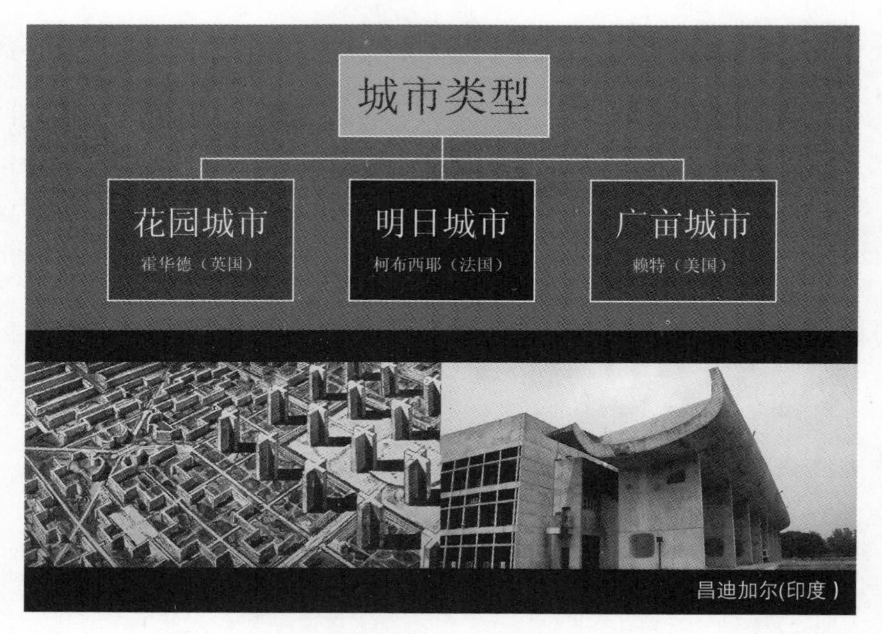

图 1-4 明日城市（昌迪加尔）

产生背景和基本特征

明日城市（为后提出的光辉城市雏形）由法国著名的建筑和城市规划师勒·柯布西耶在 1922 年发表的著作《明日的城市》中被提出，书中阐述了从功能和理性角度出发对现代城市的基本认识，提出了通过高密度建筑和高效率交通等技术手段建立紧缩型城市，继而解决由于城市扩散和城市拥挤分别导致的城市发展问题，他因此成为城市集中主义重要代表之一。为此，他还模拟出一个可以容纳 300 万人口的明日城市模型，其主要规划策略包括：

• 城市中部为中心区，设置必要的各种机关、商业和公共设施、文化和生活服务设施；

• 约40万人居住在24栋60层高摩天大楼里；周围有大片绿地，建筑仅占5%；

• 外围是环形的居住带，有60万人住在多层连续的板式住宅内，最外围的是容纳200万居民的花园住宅；城市内将为市民提供充足的绿地、空间和阳光；

• 城市的总体平面为几何形态，矩形的和对角的道路交织在一起；

• 城市交通结构以新型的、高效率的城市交通系统组成，这个系统由布局在地面上的铁路和人车完全分离的高架道路组成；

• 土地制度的公有制等在后期更新提出的光辉城市中得以深化和强调。[①]

1951年，柯布西耶受聘负责印度昌迪加尔新城市的规划和首府行政中心的建筑设计，他的明日城市思想在其中得到了充分的体现。占地约40平方公里的印度昌迪加尔位于喜马拉雅山南麓干旱的平原上，其规划人口规模近期为15万人，远期为50万人，其核心规划设计策略包括：

• 人体作为城市布局的结构原型；首府的行政中心被定义为城市的大脑，议会大厦、邦首长官邸、高级法院等作为主要建筑布置在城市制高点以便俯视全城，行政中心附近设置广场，广场上的车行道和人行道布置在不同的高程上；各建筑物主要立面向着广场，经常使用的停车场和次要入口设在背面或侧面；

• 博物馆、图书馆等是城市的神经中枢位于大脑附近，周围是公共景观区域；商业中心象征城市的心脏布局在城市纵横轴线的主干道的交叉处；

[①]（法国）勒·柯布西耶．明日之城市．李浩译．北京：中国建筑工业出版社，2009.

• 大学区作为城市的右手位于城市西北侧；工业区作为城市的左手位于城市东南侧；供水、供电、通信系统象征血管神经系统；

• 道路系统象征骨架；建筑组群如同肌肉；道路按照不同功能分为从快速道路到居住区内的支路共 7 个等级，横向干道和纵向干道形成直角正交的棋盘状道路系统；绿地系统象征城市的呼吸系统肺脏，人行道和自行车道穿插其中；

• 城市街区由城市干道网划分成矩形的地块，每块面积约为 100 公顷，按邻里单位的概念进行规划，居住人口各为 5000 ~ 20000 人；邻里单位内的商业布局模仿东方古老的街道集市，横贯邻里单位；邻里单位中间与绿带相结合，设置纵向道路，绿带中布置小学、幼儿园和各种活动场地；

• 通过建筑方位与主导风向的被动控制，广场水池设置，植被体系布置等方式关注城市微气候的舒适度。①

以“明日城市”思想指导下的昌迪加尔在空间形态的象征意义、城市功能结构、现代主义建筑风貌以及与地方文脉的对话等方面得到好评，特别是其“紧缩城市”概念符合了可持续发展的核心观念，由此发展的紧凑型城市空间模式、土地集约利用、高密度和多功能的建筑体系以及立体交叉交通模式等对近现代世界城市发展理论带来积极的影响。但同时，柯布西耶机械地将其学术理论转换为城市规划设计策略，过度重视象征意义以及对城市和建筑空间尺度予以简单模数化等方法也受到质疑。

---

① （瑞士）博奥席耶．勒·柯布西耶全集（第 5 卷·1946-1952 年）牛燕芳，程超译．北京：中国建筑工业出版社，2005.

1.3.3 广亩城市（1935 年）

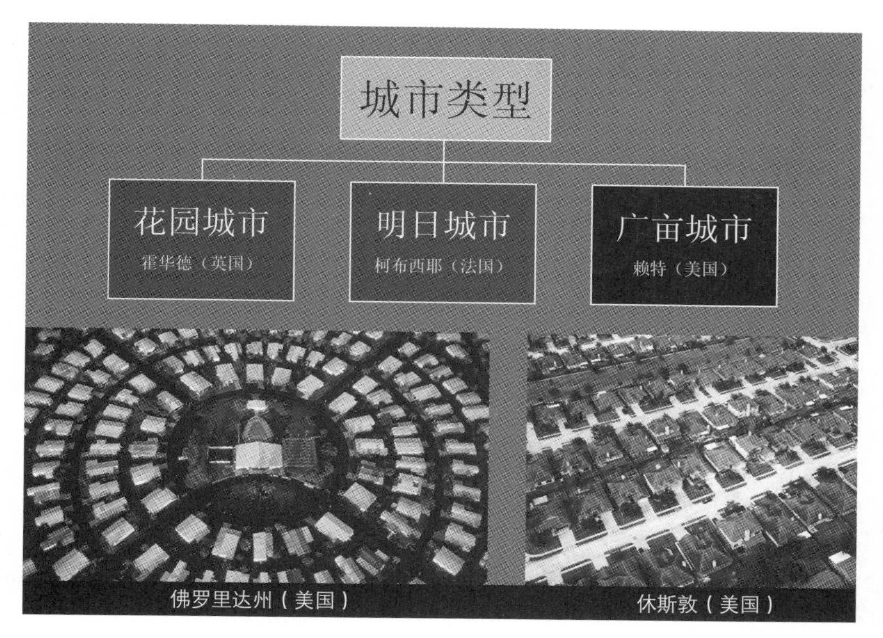

图 1-5　广亩城市（佛罗里达、休斯敦）

产生背景和基本特征

美国建筑师赖特在 1932 年出版的《消失中的城市》提出了“未来城市应当是无所不在又无所在的观点”，而广亩城市（Broadacre City）则在他《宽阔的田地》书中被正式提出。按照赖特的观点，汽车和电力工业为新的生活和生产方式，以及相应的新城市类型提供了可能。“分散（包括住所和就业岗位）将成为未来城市规划的原则”，而庄园式的生活成为广亩城市中重要的生活模式原型。20 世纪 50 ~ 60 年代，美国的一些州将广亩城市作为主导性的规划原则予以应用，它随之成为影响美国乃至众多国家城市化模式的重要思想之一。广亩城市的重要规划策略包括：

• 城市被分散布局在以一个地区性农业系统网格基底上；

• 个人和家庭单元最大化融入乡村环境，每个独户家庭的周围有一英亩土地，生产供自己消费的食物；

• 用汽车作交通工具，居住区之间通过超级公路连接；

• 公共设施沿着公路布置，加油站设在为整个地区服务的商业中心内。[①]

这种主张分散布局的规划思想和勒·柯布西耶主张高密度集中布局的现代城市设想是对立的，此后的城市分散论主导了以美国为代表的西方国家中产阶级郊区化运动和扁平化的城市发展模式，卫星城成为这种模式发展的初期形态，其后又经历了卧城、半独立的卫星城和独立的卫星城等多个阶段，它的影响一直延续至今。

从以上三种重要的城市类型特征的比较可以看出，它们分别代表了两种截然不同的城市发展模式，即城市的集中主义和分散主义。分散主义（花园城市和广亩城市隶属于此类型）导致的“郊区化”造成了对诸如私家轿车过度依赖，大量能源和资源消耗（如石油、电力），环境污染，农业用地减少，以及传统城市中心衰落等有目共睹的巨大代价，成为阻碍城市持续发展的重要渊源。而柯布西耶提出的“明日城市”则提倡通过观念、技术和制度更新引导新城市的“集约发展”，从而从根本上避免“分散主义”造成的诸多城市连锁危机，这和当下深入人心的可持续发展观念是一脉相承的。

[①]《大师》编辑部 . 弗兰克・劳埃德・赖特 . 武汉：华中科技大学出版社，2007.

1.3.4 宜居城市（1976 年）

图 1-6　宜居城市（温哥华、苏黎世）

20 世纪中叶以来，在不同国家、组织的积极倡导推动下，世界各地陆续出现了以宜居城市、健康城市、可持续城市、遗产城市和低碳城市为代表的城市发展概念及由此展开的学术和实践活动，这直接反映出人类进入 20 世纪以来在城市发展中共同出现和关注的重要命题。这些新的城市理想成为推动世界现代城市发展的重要力量。

产生背景和基本特征

20 世纪 40 年代，随着战后全球经济、文化和城市建设的复兴发展，宜居成为全世界城市规划领域被高度关注的目标。在此背景下，以人为本作为宜居城市的核心观念被提出，而“适宜居住性”、“可持续性”、“城市适应现有和未来居民生活质量”成为西方国家宜居城市的三大类要素。此外，“居民参与城市发展的决策能力”；“城市的可持续发展潜力”；“城市对危机和困难的可适应性”也是宜居城市发展的重要内容。[①]

1961 年，WHO 总结了满足人类基本生活要求的条件，提出了居住环境的四大基本理念，即“安全性（safety）、健康性（health）、便利性（convenience）、舒适性（amenity）”。

从 1970 年代开始，居民的生活质量以及影响居住区的综合因素成为宜居城市的根本性要素。

1976 年，联合国召开了首届人居大会，提出“以持续发展的方式提供住房、基础设施服务”。

1989 年，由联合国人居署（UN-Habitat）开始创立全球最高规格的“联合国人居环境奖”。

1996 年联合国第二次人居大会提出“人人享有适当的住房”、“城市化进程中人类住区可持续发展”两个发展主题。可持续发展成为宜居城市建设的核心内容之一。联合国人居中心、联合国人居委员会、联合国人居环境奖等成为推行和评价宜居城市的重要机构。

宜居城市的评价机制和要素

宜居城市的要素是多元化的，不同的城市由于符合不同的评价标准而获选

[①] 董晓峰等．宜居城市评价与规划理论方法研究．北京：中国建筑工业出版社，2010.

宜居城市。如在按照《单片眼镜》与《国际先驱论坛报》提出的11项宜居指标评选的2005年宜居城市中，德国的慕尼黑以其“经济蓬勃、族群和谐、四季气候宜人、休闲设施与夜生活舒适等优越条件”当选；丹麦的哥本哈根则是因为其“公共交通、发达的自行车网络、咖啡文化、不紧不慢的生活节奏，以及创意和创造力”成为宜居城市；日本的东京以其“低犯罪率、设计周全的公共交通系统、良好的服务位列”入选；而新加坡由于“市容景致蓬勃发展，生活素质达到先进国家的水平，政府管理机构和金融体制透明而且效率高”成为入选依据。[①]

目前，宜居已成为评价城市综合价值的核心概念之一，因地制宜地对宜居城市的评价体系进行更新和完善成为各地城市发展的重要课题。面对以大量资源耗费为代价的生活方式和城市模式，如何以新的视野超越传统意义的宜居概念，将宜业、宜游、宜学、宜商等新范畴与之有效契合，构建更广义的“新宜居”观念、概念和标准系统是“新城市类型”研究中最值得深思的。

1.3.5 健康城市（1986年）

产生背景和基本特征

由于城市人口密度的不断攀升，交通拥挤、住房紧张、不符合卫生要求的饮水和食品供应、污染日见严重的生态环境、暴力伤害等社会问题成为威胁人类健康的重要因素。伦纳德·杜尔（Leonard J. Duhl）于1952年提出了“病态城市”（Sick Cities）的概念。1963年，他又在《The Urban Condition：People

[①] http：//www.newspaper.jfdaily.com.“既符合硬性指标又各具特色”（09-06-11），2010：01.

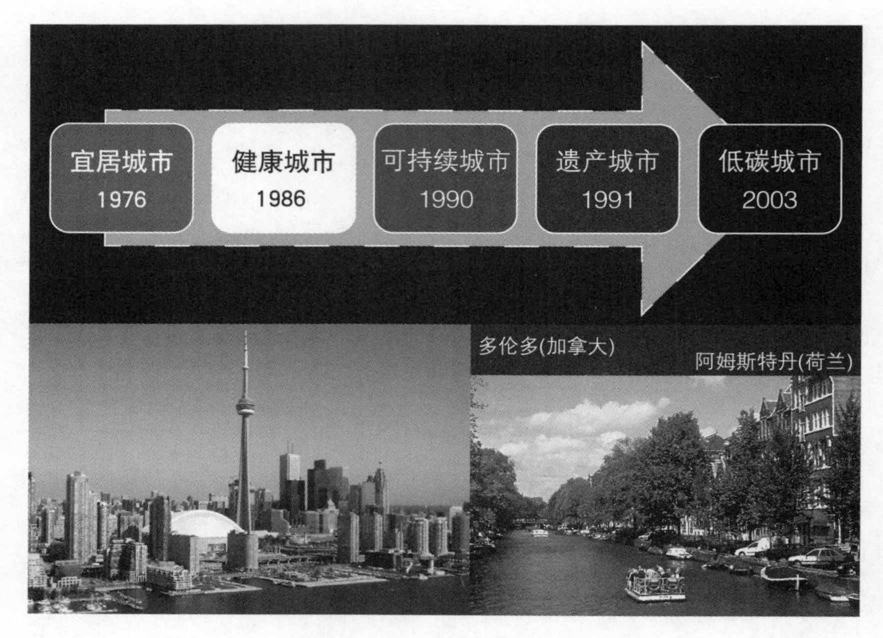

图 1-7　健康城市（多伦多、阿姆斯特丹）

and policy in the metropolis》一书中提出通过对城市健康的关注解决城市人口过度膨胀所带来的问题，并具体描绘全球行动的概念及策略架构[①]。1984 年在“2000 年健康多伦多”国际会议演讲中，崔沃尔·汉考克（Trevor Hancock）提出“人们居住在健康的城市，应该享受与自然的环境、和谐的社区相适应的生活方式”论点，此次会议之后，健康城市被世界卫生组织（WHO）列为一项全球城市行动战略[②]。

[①] Duhl .L.D.The urban condition：People and policy in the metropolis. New York：Basic Books，1963.

[②]黄敬亨，王建同．“健康城市——世界卫生组织的行动战略”：中国初级卫生保健．1995：9（10）．

1986年，世界卫生组织（WHO）在加拿大渥太华召集了第一届国际健康促进大会，通过了《渥太华宪章》。该宪章开创性地提出全方位促进健康的五项战略。随后世界卫生组织欧洲办事处发起了健康城市项目（Healthy City Project，HCP），该项目致力于将“2000年人人享有卫生保健”和渥太华宪章所提出的健康促进策略转化为可操作的实践模式，立足建设理想健康城市为目标，健康城市项目很快在欧美等国以及日本、新加坡、新西兰、澳大利亚展开，到1993年，已经成为有1200个城市参加的国际性运动。

世界卫生组织（WHO）在1994年给健康城市的定义是：“健康城市应该是一个不断开发、发展自然和社会环境，并不断扩大社会资源，使人们在享受生命和充分发挥潜能方面能够互相支持的城市”。[①]“健康城市十条标准”于1996年公布，它包括：1）为市民提供清洁安全的环境。2）为市民提供可靠和持久的食品、饮水、能源供应，具有有效的清除垃圾系统。3）通过富有活力和创造性的各种经济手段，保证市民在营养、饮水、住房、收入、安全和工作方面的基本要求。4）拥有一个强有力的相互帮助的市民群体，其中各种不同的组织能够为了改善城市健康而协调工作。5）能使其市民一道参与制定涉及他们日常生活、特别是健康和福利的各种政策。6）提供各种娱乐和休闲活动场所，以方便市民之间的沟通和联系。7）保护文化遗产并尊重所有居民（不分种族或宗教信仰）的各种文化和生活特征。8）把保护健康视为公众决策的组成部分，赋予市民选择有利于健康行为的权力。9）作出不懈努力争取改善健康服务质量，并能使更多市民享受健康服务。10）能使人们更健康长久地生活或少患疾病。[②]

[①] 高峰，王俊华．健康城市：21世纪城市新形态丛书．北京：中国计划出版社，2005.

[②] 周向红．健康城市：国际经验与中国方略．北京：中国建筑工业出版社，2008.

同时，世界卫生组织（WHO）规定，健康城市的实施应该从政治领域（领导参与、政策制定等）；经济领域（就业、收入、住房等）；社会领域（文化、教育、福利、保障）；生态环境（生态平衡、污染控制和资源保护）；生物、化学和物理因素（医疗卫生技术及其服务和营养供给及其安全卫生等）；社区生活（健康的社区邻里关系、文明的风尚等）；个人行为（心理卫生、行为矫正和健康生活方式的鼓励等）七个领域展开，有效构建了健康城市的系统策略和计划执行。

健康城市计划将环境品质、设施系统、城市管理到居民的心理和生理健康作为重要内涵，成为人类有史以来全面关注城市和市民健康状态的世界性运动，对推动现代城市环境的综合健康机能和规划方法研究起到了重要作用。受此影响，许多城市开展了大量动机朴素、概念简单但具有创造性意义的城市环境改造计划，大量针对日常环境要素的优化策略层出不穷。如英国的伦敦展开声音方面进行研究和实验，拟将警笛的声音改变为更悦耳动听的声音类型，创造有利于市民听觉健康环境，也同时为伦敦的声音环境赋予特色；此外，对城市建筑、环境和空间体系的色彩控制也已成为世界许多城市的基本管理要素。

以上诸多现代城市的健康发展策略和中国古代提倡的“五觉”养生之道有着异曲同工之妙，如何善用古人杰出但朴素的智慧遗产，结合新的城市发展环境，将其转化为指导城市发展的良策，显然是新城市类型研究中最值得关注的。

1.3.6 可持续城市（1990 年）

产生背景和基本特征

20 世纪 50 ~ 60 年代，由于工业生产导致的资源浪费和不断凸显的环境污染等连锁问题，使地球生态安全问题受到世界的普遍关注，人类发展观念第一

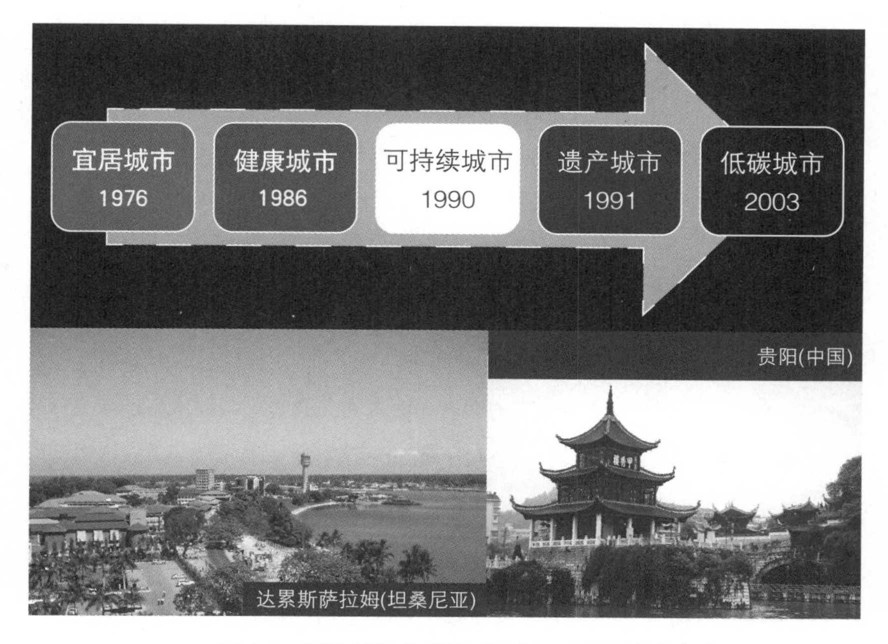

图 1-8　可持续城市类型（贵阳、达累斯萨拉姆）

次受到质疑。1972 年 6 月 5 日，第一次国际环保大会——联合国人类环境会议在瑞典斯德哥尔摩举行，世界上 133 个国家的 1300 多名代表出席了这次会议。作为保护全球环境战略的第一次国际会议，其间通过了《联合国人类环境会议宣言》（简称《人类环境宣言》或《斯德哥尔摩宣言》）和《行动计划》，宣告了人类对环境的传统观念的终结，达成了“只有一个地球”，人类与环境是不可分割的“共同体”的共识。

1980 年 3 月，联合国大会首次使用了“可持续发展”概念。1987 年，《世界环境与发展委员会》公布了题为《我们共同的未来》的报告。“可持续发展的战略报告”的提出标志着一种人类新发展观的诞生。“可持续发展”被定义为“在满足当代人需要的同时，不损害人类后代满足其自身需要的能力”。这份文件在

1987 年联合国第 42 届大会通过。1992 年 6 月，在巴西的里约热内卢召开了“联合国环境与发展大会”，183 个国家和 70 多个国际组织的代表出席了大会，其中有 102 位国家元首或政府首脑。大会通过了《21 世纪议程》，阐述了可持续发展 40 个领域的问题，提出了 120 个实施项目。[①]可以说，这是可持续发展理论走向实践的一个转折点。

两项革命性的重要内容出现在《我们共同的未来》报告中，一是对传统发展方式的反思和否定，二是对规范的可持续发展模式的理性设计。报告指出，过去人们关心的是发展对环境带来的影响，而现在人们则迫切地感到了生态环境的退化对发展带来的影响，以及国家之间在生态学方面互相依赖的重要性。报告明确提出“要变革人类沿袭已久的生产方式和生活方式”；就规范的可持续发展模式的理性设计而言，报告提出，“工业应当是高产低耗，能源应当被清洁利用，粮食需要保障长期供给，人口与资源应当保持相对平衡”。[②]

《我们共同的未来》对当前人类在经济发展、环境保护以及生存观念等问题进行了全面和系统的评价，对人类发展史进行了深刻的反思。世界各国对“可持续发展”理论予以高度认同，该报告也成为 1992 年联合国环境与发展大会通过的《21 世纪议程》的重要理论基础，其对当代人类发展方向和方法的更理性选择起到了至关重要的作用。

可持续发展城市计划（SCP）

可持续城市发展计划（SCP）由联合国人居署（UN-Habitat）和联合国环

[①] （美国）西尔弗等 . 一个地球，共同的未来——我们正在改变全球环境 . 徐庆华等译校 . 北京：中国环境科学出版社，1999.

[②] 国家环境保护局，国际合作委员会秘书处 . 中国环境与发展国际合作委员会文件汇编 . 北京：中国环境科学出版社，1994.

境署（UNEP）在1990年初共同创立，从1992年开始全球推广的城市发展计划，以关注环境污染、社会公平和循环经济等为核心，旨在通过全系统的能力建设和网络来协助城市环境规划与管理。其主要内容是通过帮助项目参与城市分析，制约城市可持续发展的环境问题，制定科学、实用的环境规划；主要方法是使用人居署提供的科学的环境分析及监测工具，集合城市发展涉及的利益关联体参与规划的编制；同时，提高部门和人员的工作与协调能力，培养符合国际惯例的人才，建立适合地方城市特点的长期有效的环境管理机制，促进城市实现经济、社会和环境的可持续协调发展。[①]

坦桑尼亚的达累斯萨拉姆（Dar es Salaam）成为第一个实施城市之后，智利、菲律宾、波兰等十几个国家开展了"可持续城市计划（SCP）"项目，联合国人居署于1996年在中国开展该项目，武汉市、沈阳市成为中国首批入选城市。黑龙江省海林市和贵州省贵阳市，以及四川省攀枝花市分别在2005年和2006年成为第二批入选城市。

"可持续城市计划（SCP）"从资源消耗、环境保养、经济发展、社会和谐以及文化传承等多个层面制定城市的"可持续发展评价指标体系"和相应的执行策略。此外，联合国人居署还通过设立"联合国人居奖"、"最佳范例奖"等特别奖项，以表彰世界各地对促进人居改善环境方面作出突出贡献的个人、城市或项目。其他几个联合国环境规划署的倡议也在使用可持续发展城市计划的方法和网络，例如全球环境展望城市和城市联盟。可以说，可持续城市计划的全球性扩展计划对促进可持续发展观念传播，培育各地在可持续发展城市计划

[①] 陈易．城市建设中的可持续发展理论．上海：同济大学出版社，2003.

的执行能力和机制建设上起到了非常积极的作用。可持续城市被视为以综合发展观念定义城市的重要概念。

1.3.7 遗产城市（1991 年）

产生背景和基本特征

1959 年，埃及政府打算修建阿斯旺大坝，这可能会淹没尼罗河谷里的珍贵古迹，比如阿布辛贝神殿。1960 年联合国教科文组织发起了“努比亚行动计划”，阿布辛贝神殿和菲莱神殿等古迹被仔细地分解，然后运到高地，再一块块地重组装起来。这个保护行动共耗资八千万美元，其中有四千万美元是由 50 多个国

图 1-9 遗产城市（特拉维夫、巴西利亚）

家集资的。这次行动被认为非常成功，并且促进了其他类似的保护行动，比如挽救意大利的水城威尼斯、巴基斯坦的摩亨佐·达罗遗址、印度尼西亚的婆罗浮屠等。

此后，联合国教科文组织会同国际古迹遗址理事会起草了保护人类文化遗产协定。遗产（HERITAGE）一词来自拉丁语，它最早含义是“父亲留下的财产”。1950 年，经过专家讨论后将其定义为“祖先留给全人类的共同的文化财富”。[①]

第二次世界大战结束之后，为保护由于现代化发展对世界各国传统文化遗存的破坏，联合国教科文组织成员国于 1972 年倡导并缔结了《保护世界文化和自然遗产公约》（Convention Concerning the Protection of the World Cultural and Natural Heritage）。缔约国内的文化和自然遗产，由缔约国申报，经世界遗产中心组织权威专家考察、评估，世界遗产委员会主席团会议初步审议，最后经公约缔约国大会投票通过并列入《世界遗产名录》。

按照联合国教科文组织的约定，世界遗产分为“自然遗产”、“文化遗产”、“自然遗产与文化遗产混合体”（即双重遗产）和“文化景观”以及近年设立的“非物质遗产”五类。世界遗产组织包括联合国教科文组织（UNESCO）、世界遗产委员会（WHC）和世界遗产基金（WHF）等。自 2007 年 11 月起，已经有 185 个国家和地区签署了世界遗产公约。截至 2009 年，全世界共有世界遗产 890 处，其中文化遗产 659 处，自然遗产 176 处，世界文化遗产与自然双重遗产 25 处，分布在 145 个国家。[②]

关于世界遗产的重要性和独特性，在 2005 年的《西安宣言》中指出，“不

[①] 顾军，苑利．文化遗产报告：世界文化遗产保护运动的理论与实践．北京：社会科学文献出版社，2005.

[②] www.unesco.org.2010，3.

同规模的历史建筑、古遗址或历史地区……其重要性和独特性来自于人们所理解的其社会、精神、历史、艺术、审美、自然、科学或其他文化价值，也来自于它们与其物质的、视觉的、精神的以及其他文化的背景和环境之间的重要联系。这些联系，可以是一种有意识和有计划的创造性活动、精神信仰、历史事件、利用或通过文化传统日积月累形成的有机变化所导致的结果”。[①]

世界遗产城市

第一次世界遗产城市会议于1991年由世界遗产城市组织（OWHC Organization of World Heritage Cities）在加拿大魁北克发起。于1993年9月在摩洛哥的非斯成立，它是联合国教科文组织（UNESCO）的一个下属的非盈利性、非政府的国际组织。约有220余个城市成为联盟成员，该组织以关注联合国教科文组织（UNESCO）评选世界文化遗产项目及其所在地城市的系统保护和发展为核心。通过借鉴各遗产城市在文化遗产保护和管理方面的先进经验，进一步促进遗产城市的保护工作。

“世界遗产城市”是指城市类型的世界遗产，根据世界遗产委员会确立的标准，世界遗产城市主要有4种类型。

1. 城市是特定历史阶段的文化产物，能够完整地被保护起来，其遗存未被后来的历史发展所影响和破坏。整个城市以及那里同样需要保护的周边环境，都作为保护对象列入了《世界遗产名录》。比如巴西的欧鲁普雷图历史城区、德国的汉萨同盟城市吕贝克和也门的西巴姆老城，属于此类。

2. 城市是沿着一个典型特点不断发展并得到保护的，某些时段可能会出现

[①] 《中国文化遗产年鉴》编辑委员会 . 中国文化遗产・2006. 北京：文物出版社，2006.

自然环境方面的特殊情况，但其后的阶段依然延续着历史的一贯风格。范例如秘鲁的库斯科古城、瑞士的伯尔尼古城。

3. 历史中心与前两类不同，它是指古代城市所覆盖的区域，同时这些区域被现代城市建筑所包围，共同构成一个既古老又年轻的大城市。历史中心必须依照历史学的尺度，最大限度地并严格地划出所应保护的遗产范围，而且要确保其相邻环境有计划有目的的管理。这类遗产以意大利的罗马历史中心、突尼斯的麦地那（即突尼斯市的阿拉伯人聚居区）和叙利亚的大马士革古城为范例。

4. 城市里的一些部分或孤立的单元，尽管是残存物，但足以证明历史城市的整体特色，能够诠释历史城市曾经的辉煌。这类遗产以埃及开罗的伊斯兰区和挪威卑尔根的布吕根区为范例。[①]

目前，世界遗产城市组织已经有 228 座被列入联合国教科文组织世界遗产名录的城市作为成员，其中，7 座在撒哈拉以南非洲，36 座在拉丁美洲和加勒比地区，30 座在亚洲（除阿拉伯国家和土耳其）及太平洋地区，124 座在欧洲（包括土耳其）和北美（只有加拿大），21 座在阿拉伯国家，其中还有 7 座城市为其观察员。目前，中国被纳入遗产城市类型的有两类，第一类为总体城市型，如丽江古城、平遥古城；第二种为城市局部区域型，如澳门历史中心等。

值得一提的是，传统文化和当代文化的和谐共生成为“遗产城市”的典型特征之一。位于摩洛哥的世界遗产城市马拉喀什是一座有千年历史的古城，建城之初的文化习俗保持至今，在“广场文化空间”中，商业交易、民间艺术表演、宗教文化活动，以及市民的日常生活共同构成了马拉喀什最具特色的城市气质，它也因此被联合国教科文组织评价为“世界遗产城市”的典范。

[①] 刘红婴 . 世界遗产精神 . 北京：华夏出版社，2006.

意大利的维罗纳城中的古罗马竞技场是维罗纳城的城市地标，保持了城市固有的风格。它作为罗密欧和朱丽叶的故乡，又承载了莎士比亚戏剧文化的独特文化基因，一直繁衍在运行完好的现代城市机制之中，在新的时代背景下塑造出一种新的文化生态，这也可能是造就现代遗产城市历久弥新、生生不息的新文化基质和塑造其城市个性的基本动因。

遗产（城市）的时间性

作为人类的共同遗产，世界遗产城市的保护成为世界文化工程的关键部分。史前时期的古老遗物通常成为国际社会最初关于文化遗产保护的重要内容。19世纪中后期，人们开始将中世纪的历史建筑，尤其是教堂建筑纳入保护之列，并进一步包括了文艺复兴时期的文化遗产。进入20世纪，保护对象逐渐扩展至20世纪初、两次世界大战期间的文化遗存。近年来，1945年以后的各类文化遗产也日益受到关注。

1981年，悉尼歌剧院申报世界文化遗产时，世界遗产委员会以“竣工不足10年的建筑作品无法证明其自身具有杰出价值”[①]的理由予以否决。该项目虽然申遗未果，却引发了人们对20世纪人类创造的审视和思考，即在充分重视古代遗产的同时，如何评判那些映照了近现代人类文明发展、城市文化内涵和全新生存观念的人类创造。

在此背景下，受世界遗产委员会委托，“国际古迹遗址理事会”将20世纪遗产保护作为一项全球战略加以推动。他们于1986年向世界遗产委员会提交了“当代建筑申报世界遗产”的文件，内容包括近现代建筑遗产的定义和如何运用

[①] www.whc.unesco.org，2010，03.

已有的世界遗产标准评述近现代建筑遗产。随后，一系列关于20世纪遗产的会议和活动相继展开。由此，20世纪遗产的概念从房屋建筑拓展到其他领域的人类创造，大量建造时间不足百年的现代城市、景观园林、学校校址、名人故居、铁路线和生产线等，得到了世界遗产委员会和相关组织的高度关注。[①]

在这种不以历史时间长短评判文化遗产的观念影响下，联合国教科文组织在2005年关于《实施世界遗产公约的操作指南》中提出了“文化景观、历史城镇和城镇中心、遗产运河、遗产线路”四个特殊遗产类型，而“20世纪的城镇”便出现在“历史城镇和城镇中心”种属之下。[②]

“20世纪遗产”

美国是世界上较早通过立法评定“20世纪遗产”的国家。按照规定“凡是在历史上起过重要作用、且有50年以上历史，在建筑、考古、工程和文化等方面具有重要价值的地区、遗址、建筑物、构造物和其他实物，都列入需要登记造册的范围。”目前，美国有100多万个历史性建筑和文化遗址已经确认和登记，并列入保护名录，其中相当部分属于20世纪的遗产。

在新型遗产评定观念的影响下，于1956～1960年规划和建设完成的巴西首都巴西利亚，由于创造性的现代城市和建筑入选为20世纪遗产城市；建成于1956年的以色列首都特拉维夫和建成于1964年法国小镇勒·阿弗尔城，也分别在2003年和2004年由于其独特的现代规划和建筑设计而被列入世界遗产名录。在首次申遗遇挫26年之后，悉尼歌剧院也于2007年以20世纪遗产的身份

[①] www.icomos.org，2010，01.

[②] 李春霞．人类与遗产丛书·遗产：源起与规则．昆明：云南教育出版社，2008.

进入《世界遗产名录》。

目前，在《世界遗产名录》中，20 世纪遗产超过 30 处，其中包括出类拔萃的建筑物、独具特色的城镇、大学校园和著名艺术流派的诞生地，以及昔日重要的工业厂房和景观等。[①]

由此看出，"世界遗产"产生的时间要素并不是其评选的限制性前提，按照相关的世界遗产评价标准，从"……历史、艺术或科学角度看，具有突出、普遍价值……"才是其关键所在。

面对规模空前的城市化发展，如何在"遗产城市"运动的启迪下，"通过一种有意识的创造"，如何将"文化遗产"作为塑造"新城市类型"的"概念要素"，同时通过对"世界遗产评价标准体系"的多维度解读，探寻具有"普世价值"的"新城市"发展"方向"和规划设计"方法"，这是"世界遗产城市"这种特殊城市类型对作者的启发。

1.3.8 低碳城市（2003 年）

产生背景和基本特征

1992 年 6 月，联合国环境与发展大会上，150 多个国家制定了《联合国气候变化框架公约》，即世界上第一个应对全球气候变暖进行国际合作的公约和基本框架。

1997 年 12 月，第三次缔约方大会通过了《京都议定书》，对 2012 年前主要发达国家减排温室气体的种类、减排时间表和额度等作出了具体规定。

[①] www.unesco.org，2010，01.

图 1-10 低碳城市（马斯达、东滩城、哈默比）

2002 年 10 月，第八次缔约方大会在印度新德里举行。会议通过的《德里宣言》，强调应对气候变化必须在可持续发展框架内进行。

2003 年，英国政府发布能源白皮书——《我们能源的未来：创建低碳经济》，首次明确提出发展低碳经济，以期通过减少资源耗费，提高资源生产力，减轻环境污染，促进生活水平和生活质量的普遍提高。同时，通过开发、应用并出口前沿技术，发展新的产业，创造新的就业机会，使英国在环境友好、可持续、可靠和具有竞争力的能源市场中占得先机。

2007 年，联合国讨论制订 2012 年开始的后京都行动方案，促进了低碳经济概念在世界上的传播。第十三次缔约方大会，通过了“巴厘岛路线图”，启动了加强《联合国气候变化框架公约》和《京都议定书》全面实施的谈判进程。

2008 年，联合国提出用绿色经济和绿色新政应对金融危机和气候变化的双重挑战，把低碳经济看做是拯救当前金融危机、实现全球经济转型的重要途径。八国集团首脑会议就温室气体长期减排目标达成一致。寻求与《联合国气候变化框架公约》其他缔约国共同实现到 2050 年将全球温室气体排放量减少至少一半的长期目标。

2009 年，伦敦 G20 峰会承诺："我们同意尽力用好财政刺激方案中的资金，使经济朝着有复原能力的、可持续的、绿色复苏的目标迈进。我们将推动向清洁、创新、资源有效和低碳技术与基础设施的方向转型。"同年，联合国气候变化峰会在纽约联合国总部举行，国家主席胡锦涛出席峰会开幕式并发表题为《携手应对气候变化挑战》的重要讲话。当年 12 月在哥本哈根全球气候大会的召开，更将节能减排和关注气候暖化推升到史无前例的高度。

低碳经济、低碳生活和低碳城市

气候暖化和由此导致的生态危机已经成为人类持续生存的重大威胁。近年来，发展低碳经济、推行低碳生活等成为各地产业更新、建筑设计和能源生产的重要指导原则，对传统的城市化模式产生了根本性的影响。低碳城市概念也在这样的背景下被提出。

低碳经济是指以低能耗、低污染为基础的经济。其核心为通过技术创新和制度创新，最大限度地减少温室气体排放，从而减缓全球气候变化，实现经济社会的清洁发展与可持续发展。它是一项复杂的系统工程，从宏观层面看，低碳经济不仅包括可再生能源、绿色技术等，它还包括第三产业、高端制造业等低排放行业。此外，合理人口政策、城市化模式和社会政策等都有助于节能减排效能的提高。[①]

低碳城市是指城市在经济发展的前提下，保持能源消耗和二氧化碳排放处于较低水平的城市类型。其中，通过改善城市空间结构，提高混合用地比例；推行节能建筑体系；增加公共交通，引导居民的低碳生活等，都将对城市总体的减排效能带来直接的影响[②]。欧洲低碳社区的发展经验表明，约75%的城市节能减排效能可以通过规划体系的系统性控制达成，而另外25%的节能减排效能则需要通过居民的生活方式和习惯的改变逐步实现。

在多国政府在学术机构支持下，许多国家和城市开始了低碳（零碳）城市和低碳建筑的研发和开发试验。如阿联酋迪拜的MASDAR新城，中国上海崇明岛的东滩生态城，瑞典斯德哥尔摩的哈默比（HAMMARBY SJOSTAD）社区等，以此为代表的众多低碳城市（社区）的试验性开发成为近年来世界范围内新城市类型发展的主要趋势。

随着世界经济持续发展，能源的需求量和二氧化碳的排放量仍将在一段时间内持续增加，温室气体排放以及由此带来的气候变暖问题还将进一步加剧，而“低碳城市”将可能是实现全球节能减排目标的重要途径。有专家称，“低碳节能技术系统”的创新研发和广泛利用将有效推动“低碳城市”的发展，但不可忽视的是，以“生活观念和价值观改变”为导向的“新生活方式”（“低碳生活方式”）的构建，是从根本上改善环境恶化和气候暖化的必经之路。而如何引导民众的健康生活模式，则作为实现此目标的更深层次要求。此外，如何借鉴古人的经验，发展出具有低科技、高智慧、低成本特征的节能城市和建筑的设计方法，更是在城市、建筑和环境类型设计中需要悉心考量的。

[①] 顾朝林等．气候变化与低碳城市规划．南京：东南大学出版社，2009.
[②] 牛文元．中国新型城市化报告2010．北京：科学出版社，2010.

1.4 城市类型的范畴定义

以“乌有乡”、“理想国”和“乌托邦”为代表的古典思想和学说在“生存形态”、“社会制度”等范畴给予了“理想社会和生存模式”的方向性和观念性指引。而彼得·霍尔将“病理学”、“美学”、“功能”、“幻想”、“更新视野”、“纯理论”和“企业、生态以及再从病理学”作为19世纪以来人类城市规划发展史七个阶段特征，成为透视近现代城市类型模式产生的方法渊源的理论依据。

霍华德提出了为改善城市的社会和环境结构的花园城市；赖特提出旨在舒缓城市压力和增加舒适度的广亩城市；柯布西耶则发展了以技术为手段缔造大城市的明日城市；而联合国等机构也在不同的动机驱使下陆续发起了为提高居民健康状态和环境品质的健康城市，为提高城市舒适度推行了宜居城市，为继承和保护传统文化评选出了遗产城市，为贯彻可持续发展观念和提高城市执行力倡导了可持续城市，以及为应对气候暖化提倡的低碳城市，这些在不同观念和动机倡导下建立的新城市类型和新城市运动在特定历史条件下成为人类应对发展危机和困境的有效途径，推动了近现代城市化的发展。

然而，大量的事实证明，以环境美化、社会公平、产业进步、空间集约、健康指数、节能减排等技术性动机产生的城市类型概念，不同程度地呈现出头痛医头，脚痛医脚的动机特性，由于这种以管窥豹、以偏概全的方式可能没有全面触及城市的系统本质，从而使城市发展往往陷入急功近利、顾此失彼的博弈常态。人类追寻理想城市的行动仍需在观念和方法范畴进行更深刻的反思。其中，如何从更本质的层面透析城市发生和发展的动机和目标，寻求具有普遍指导意义的朴素观念和类型概念是其中的要领之一。

作者认为，隶属于世界文化遗产的遗产城市有别于花园城市、广亩城市、宜居城市等传统城市类型，仅仅将焦点集中在社会、经济、环境等某一个和几个技术性范畴的衍生模式，而更注重在“观念性”（方法论的核心）、“艺术性”（思维的整体性）、“历史性”（可持续发展的时间要素）和“价值性”（存在的普遍意义）等领域审视和评价城市，在更高远和深刻的层面触及理想城市和方法模式的本质要素，对于在新历史背景下的新城市类型研究具有重要启发意义。

由此，透过深切领悟和善用蕴含在世界遗产中的知识、常识和智慧以及这些人类“灵妙化”发展中难能可贵的精神遗产（尽管后两者往往处于 被有意无意忽视和难以明辨的令人遗憾的状态），摒弃传统城市类型“头痛医头，脚痛医脚”的发展模式，首先从学术、艺术而非技术，系统而非细节，价值而非价格，时间而非空间，方法而非方案的维度重新审视和建构城市的发展动机体系和衍生模式体系，可能成为探寻具有理想城市特质的新城市类型的新途径。其中，对影响城市价值观和评价标准这两种典型文化形态要素的创造性思考和系统建立，将既是新城市类型研究的起点，也是贯穿始终的重点。

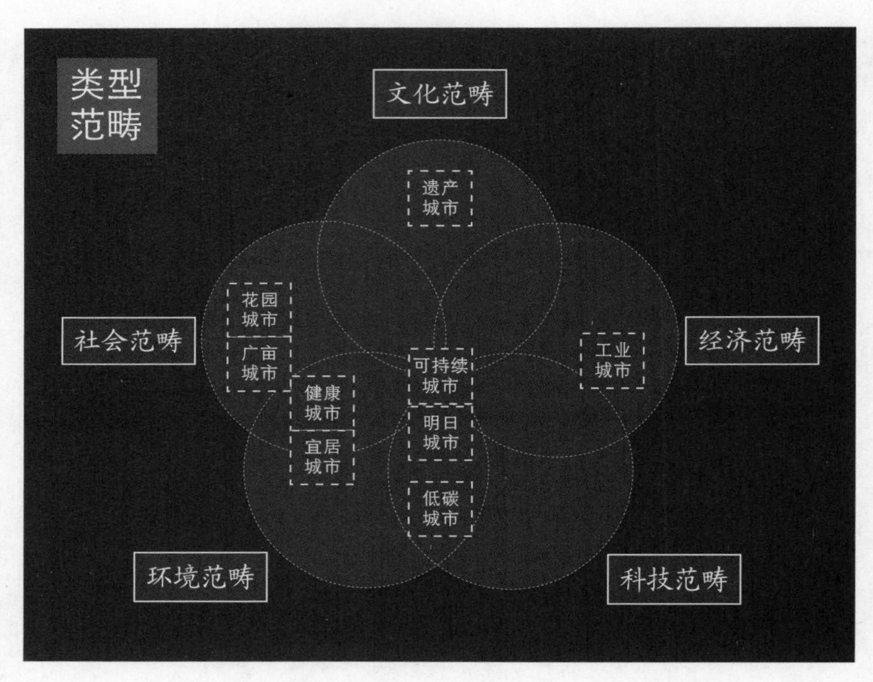

图 1-11　传统城市概念类型和优先价值原则要素比较

“储存文化、流传文化和创造文化，

这大约就是城市的三个基本使命了。”

——（美国）刘易斯 · 芒福德（Lewis · Mumford）

第 2 章　城市的危机、动机和契机

2.1　城市危机——文化危机

世界的危机和危机的世界

以科技进步为代表的几次工业革命对人类社会的发展具有划时代的意义，其影响广泛涉及社会、经济、政治、文化的各个方面，开启了人类由农耕文明进入工业文明的时期。大量乡村人口向城市聚集，席卷全球的城市化运动也进入快速发展阶段。不容忽视的是，工业革命在推动技术更新、市场经济、城市发展的同时，也带来自然资源的掠夺式利用，物质至上和消费主义观念，城市和乡村发展不均、在现代科技冲击下传统文化灭失等负面影响。

进入 21 世纪以来，以气候暖化、沙漠化、环境恶化为代表的生态危机已经直接威胁到人类的生存底线；周而复始，愈演愈烈的全球性经济危机使全球金融体系和经济政策徘徊在崩溃边缘；在发达国家和发展中国家同样普遍的贫富差异、社会不公现象等导致的社会危机，教育乏力等造成的青年一代的信仰迷失和文化危机，使全人类持续发展之路面临史无前例的挑战。

1999 年在北京召开的世界建筑大会发布的《北京宪章》中，"直面新的挑战，大自然的报复，混乱的城市化，技术的双刃剑，建筑魂的失色"[①]的阐述表达了

[①] 奚传绩 . 中外设计艺术论著 . 上海：上海人民美术出版社，2008.

世界城市规划、建筑设计领域对人类发展状态的评价，以及改变传统城市和建筑设计观念和方法的迫切要求。

美国知名学者诺姆·乔姆斯基（Avram Noam Chomsky）认为，以国际金融危机为代表的多重危机，标志着以“自由市场原教旨主义为理论的文化模式的终结”，其实质是将“自由市场原教旨主义作为主要理论的文化模式的危机”。[①] 这种世界性的“文化危机”观点已经成为全球共识，并且引起广泛的关注。一些国家、地区和城市都在纷纷制定各自的文化发展战略，寻求和营造各自的文化特色，试图从根本上解决危机的产生和蔓延。联合国组织也通过多种方式呼吁各国要尊重不同社会、不同民族和不同种族之间的文化差异和传统，以避免他们的传统文化被全球化浪潮淹没和灭失，并在 2001 年通过了《世界文化多样性公约》。

显然，保持文化的多样性是人类持续发展的根本目标之一。而在时间和空间的维度上，古代文化与现代文化、西方文化与东方文化的和而不同被奉为基本原则，著名的社会学家费孝通先生以“各美其美，美人之美，美美与共，天下大同”对此观念进行了生动的诠释。

危机、动机和契机

对传统发展观念和模式的不断反思，成为应对文明危机，实现可持续发展战略的一个重要前提。寻求新文明的战略不应是传统文明的简单延续和推移，而是站在更高的起点，从更本质的层面完善和重构我们的价值观和动机系统，进而改变不合时宜、不可持续的生存、生活和生产方式。

---

① （美国）诺姆·乔姆斯基．失败的国家．上海：上海译文出版社，2008.

城市，是最能够体现人类灵妙化过程的产物，是人类文化和文明孕育生发的主要容器，也将必然成为新文化和新文明的重要载体。如何通过对城市发展动机和要素系统的再度解析，审视和衡量文化在城市要素系统中的权重，应该是探寻新的城市化方向，寻找城市新的发展契机所不容忽视的。

2.2 城市动机——新遗产文化

文化的定义和意义

文化的人类学意义最早由爱霍华德·伯内特·泰勒（Love Howard · Burnett ·

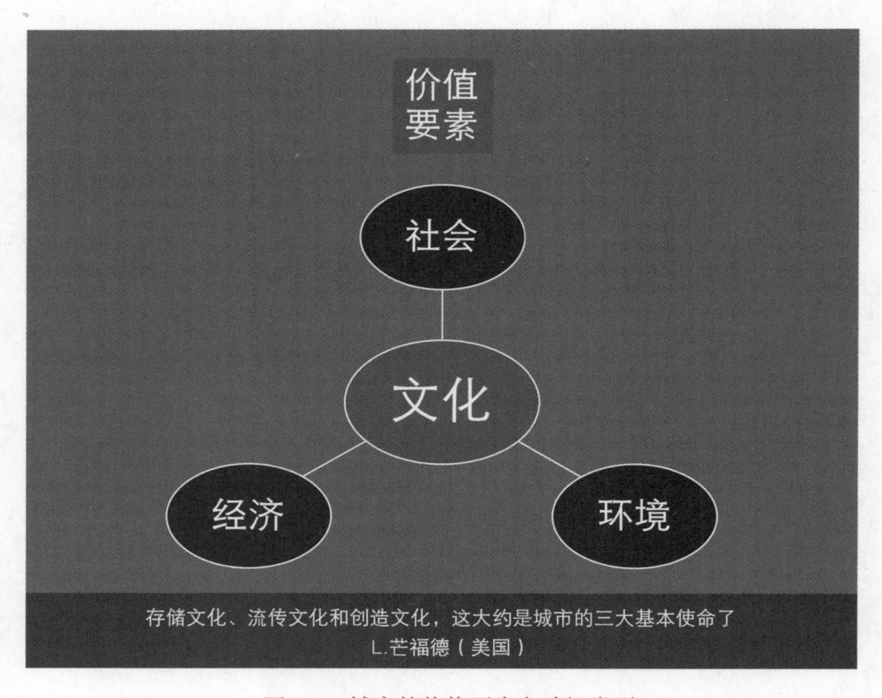

图 2-1　城市的价值要素和动机类型

Taylor）1871年在英国提出，定义为“一种复合体，它包含知识、信仰、艺术、法律、道德、习俗和人类作为社会成员所拥有的任何其他能力与习惯”。[①]人文一词在中国最早见于《易经》：“观乎天文，以察时变；观乎人文，以化成天下。”

阿摩斯·拉普卜特在其著作《文化特性与建筑设计》中关于“文化是什么”问题，有以下三类定义，即“一个民族的生活方式，包括他们的理想、规范，规则与日常行为等；一种世代传承，由符号传递的图示体系，通过儒化（或社会化）后代和涵化移民来实现的；一种改造生态和利用资源的方式，是人类通过开发多种生态系统而得以谋生的本性。”而关于“文化做什么”，也有三种不同定义，即“通过制定各种规则来指导行事方式，意在提供一种对生活的设计。如同一种动态的指令（如DNA）；提供一套赋予个体意义的架构，个体只有在某一架构中相互作用时才产生意义；定义那些由许多群体或单一生物种所构成的群体。就此而言，文化意在区分各个群体，并使之清晰可辨”。[②]

由此看出，文化不是以物的形式存在，文化的产物或者其组成部分才是人们可视和把握的。换言之，文化是一种抽象和宽泛的概念，具有让人难以捉摸和把握并不易于转化的属性。阿摩斯·拉普卜特试图通过两种方法对文化进行分解，解析出文化如何通过一系列可把握的动态机制实现其对建筑、景观特性的影响。

对于“文化”过于抽象的问题，他在社会学范畴内予以分解和具体化，即家庭与血缘构成、社交网、社会组织、角色等是文化的社会变量和要素。对于

[①]（英国）泰勒．原始文化：神话、哲学、宗教、语言、艺术和习俗发展之研究．连树声译．桂林：广西师范大学出版社，2005.

[②]（美国）阿莫斯·拉普卜特．文化特性与建筑设计．常青，张昕，张鹏译．北京：中国建筑工业出版社，2004.

文化过于宽泛和普遍的属性，他将其分解为世界观和价值观，以及意象、规范、标准等要素。他认为，价值观和诸项要素的相互作用塑造了人们的生活方式与行事方式，即直接导致文化最为具体的表现——活动与活动系统。他提出，从事规划和设计的人员，应该将活动的潜在因素（意义）纳入考虑范畴，事物发生的意义应该作为一项至关重要的功能得到始终高度的关注。[①]换言之，文化既是塑造事物特征的关键，也是事物存在的意义和目的。

城市文化与文化城市

“语言和城市”被认为是人类文化的重要表征，“城市是文化的容器……这容器所承载的生活比这容器自身更重要。”城市根本功能是“储存文化、流传文化和创造文化”，这种效应被芒福德称之为城市文化器官的教育作用，它们不仅包括报纸、电视，更包括教堂、寺庙、宗祠、学堂、墓园、作坊、博物馆、图书馆、论坛等一整套传习文化的设施和机构。他认为，新文明的孕育往往从新观念开始，并通过向人工环境、技能、产业、组织、制度、生活习俗，典型人格等文化载体的转化而逐步实现其物化过程。[②]

芬兰作家佩卡·库西(Pekka kussi)也认为，“文化进化可能是人类进化的本质，这种本质是区别于生物界其他物种进化特征的”。从城市的视野来看，城市的存在意义、发展价值观、评价的标准等构成了城市文化的基本内涵。城市文化的滋长和传承是产生人类文明的重要途径，不同时空背景下文化类型决定着不同的城市类型。

[①]（美国）阿莫斯·拉普卜特．文化特性与建筑设计．常青，张昕，张鹏译．北京：中国建筑工业出版社，2004.

[②]（美国）刘易斯·芒福德．城市发展史—起源、演变和前景．宋俊岭，倪文彦译．北京：中国建筑工业出版社，2005.

可见，城市与文化之间具有如影随形的亲密关联，城市是人类文化的产物，同时又是人类文化孕育的容器；文化则是城市得以发展的内在力量和品质。可以说，城市文化已经逐步超越传统技术而成为城市的核心驱动力，塑造城市社会、经济和环境三大价值类型的内涵。促进文化的发生和发展，成为城市的发展根本动机，长期和持久的（新）文化再造，在新的文化基质和发展机制指导下重构城市的空间体系、产业体系、教育体系，从而将文化（无形的概念）转换为城市和民众的"世界观"、"价值观"、"形态模式"等，继而有助于催生新的生活和生产方式，实现由城市文化向文化城市的灵妙化进化。

对于如何注重城市的文化价值，将传统观念下的功能城市演化为文化城市，原中国文物局局长单霁翔曾著文进行过阐述，他认为，"城市文化不仅需要积淀，还需要振兴，需要创新"；丧失了保留至今的文化遗产，城市将失去自己的文化记忆；创造不出新的城市文化，城市将迷失自己的发展方向。城市在传统遗产文化的基础上，更应该继往开来，多层次、多侧面、多角度地反映现实城市文化内涵……发展、创造属于自己城市独特的新文化。[①]并通过"文化的创新引领城市新的发展方向"。此外，从城市竞争力构成看，文化力在某种价值意义上应该超越经济力、科技力、环境力，而成为其中的核心要素。

"文化遗产"、"遗产文化"与"新遗产文化"

恰如芒福德所说，世界著名城市之所以能成功地支配了各国的历史，那只是因为这些城市始终能够代表它们的民族和文化，并把绝大部分流传给后代。从世界遗产的形成、保护和再发展的角度审视，承载人类生存智慧的文化遗产，

[①] 单霁翔．从"功能城市"走向"文化城市"．天津：天津大学出版社，2007.

必将持续地经过活态化的衍生过程，不断与新的生存模式和社会文化要素融合，形成一种内涵丰富、历久弥新的具有更广泛意义的新遗产文化，这也许是一种对传统遗产文化概念推陈出新的观念性思考。

作为人类主要生存容器的城市，无疑将是发生、发展和遗存新遗产文化的重要载体。如何借助由发展动机和发展观念到规划和设计策略逻辑机制，将根植于传统遗产文化的新遗产文化作为新城市发展的动机要素，在城市规划、设计、经营等过程中分解和转译为新城市的世界观和价值观、社会组织和形态、生活和生产方式、评价标准和模式等系统方法要素，实现新遗产文化与新城市发展的有机契合和理性控制，这将是一道意义非凡的学术命题。其中，在方法论范畴通过对传统遗产文化体系的多维度解析和对未来生存模式的前瞻性透视，将成为孕育新遗产文化和建构新遗产城市的必要途径。

2.3 城市契机——新遗产城市

可持续的城市文化与城市文明

当下承载着过去，未来始于现在，人类社会和城市文化的延续造就了延绵不绝的历史进程。克拉孔（Clyde Kluckhohn）曾说过，“一个社会要想从它以往的文化中完全解放出来是根本不可想象的事。离开文化传统的基础而求变革求新，其结果必然招致悲剧。”[①] 21 世纪的人类文明是以城市文明为核心的文明。城市不仅具有功能，更应该拥有文化。按照汤因比的论述，人类的“灵妙化”（Etherialization，即文化创造过程）被认为是人类发展的根本特性，而与之相对

[①] 余英时．试论中国文化的重建问题．文化传统与文化重建．北京：生活·读书·新知三联书店，2004.

应的则是“物质化”(Materialization，即物质创造过程)。按照芒福德的观点，城市的核心作用就是“化力为形、化能量为文化、化生物的繁衍为社会创造力”。

美国当代著名的学者、思想家莱斯特·R·布朗教授在其新作《B模式·4.0》中一针见血地指出，造成目前全球生态危机、经济危机、社会危机、道德危机的根本原因在于我们的经济模式和生活方式出现了问题，必须改变基于“化石燃料、汽车为中心以及一次性经济”的传统模式（A模式），而转入以“稳定气候，稳定人口，消除贫困，恢复生态”为核心内容的新模式（B模式）。[①]如果一切如旧地下去，我们的文明最终将被自己导致的危机毁灭。他将拯救的基点从生态转向文明，提出“拯救文明”这一核心观念。他认为，“拯救文明”才是实现人类可持续发展，摆脱人类困境的根本之道和最终目标，如此我们生命和文明的传承才可能迈入可持续的发展之途。

“可创造”的遗产和遗产文化

亨廷顿在他的著作《文明的冲突》中提出，“世界上众多国家随着意识形态时代的终结，将被迫或主动地转向自己的历史和传统，寻求自己的‘文化特色’(或者叫‘文化认同’)，试图在文化上重新定位”[②]。

历史上已有大量通过“新文化”的创造振兴国家、地区和城市的经典案例。1872年，为提高美国民众的国族意识，美国政府创建了全世界第一个“国家公园”，即占地8990平方公里的黄石国家公园，通过对壮丽辽阔的自然风光的解析和诠释，使其成为重要的美国国家文化内涵和精神象征，而黄石国家公园在1978年

[①]（美国）莱斯特·R·布朗.B模式·4.0，起来，拯救文明.林自新等译.上海：上海科技教育出版社，2010.
[②]（美国）亨廷顿.文明的冲突与世界秩序的重建.周琪等译.北京：新华出版社，2010.

被联合国教科文组织评为“世界自然遗产”。

19 世纪中期，德国出现了将“自然风景和民俗文化”作为德意志的独特文化和民族情谊象征的系列运动，如第一位将民俗学作为学科的里勒（Wilhelm Heinrich Richl）选择“森林”作为德意志起源的象征，更将其作为德意志未来的保证；第二帝国时期的通过“家乡运动（Heimat）”的兴起将南方诸国融入新生帝国；在第三帝国时期出现的“山岳电影（Mountain Film）”等均被作为国家文化生产机制来塑造国家的文化象征和民族认同。[①]

这些以国家文化振兴为动机“有意识”创造的“新文化运动”和“新文化载体”（如黄石国家公园等）为美国、德国等国家的民族文化振兴起到了推波助澜的作用，也成了具有地方文化识别性和普遍价值的国家和世界性的“新遗产”。这种以“振兴文化”为“动机”造就“新文化遗产”的观念和方法模式对“新城市类型”的研究具有特殊的意义。

“新遗产文化”与“新遗产城市”

按照斯皮罗·科斯托夫（Spiro Kostof）的观点，无论是来自具有完整形态的被“来自于神的指引授命而建”的城市，还是“反映宇宙法则或理想社会”的城市，或者仅仅是因为给建造者带来“经济利润”而建的“贸易城市”，城市的发生和发展都不可能只是一种常规和重复的简单活动，“它们最初的模式将会枯竭甚至死亡，除非人们能够在这种模式下逐渐培育出一种特别的，能够自我维持，并且能够克服逆境和命运转折的生活方式。”[②]

[①] 李振亮．“风景的民族主义” 转载《读书》2009 第二期，北京：生活·读书·新知三联书店，2009.

[②]（美国）斯皮罗·科斯托夫．城市的形成——历史进程中的城市模式和城市意义．北京：中国建筑工业出版社，2005.

面对“文化危机”成为威胁人类持续生存和发展的态势，如何将“贮存、流传和创造文化”作为新城市的基本使命，孕育出以“可持续生产和生活方式”为特征的“城市新文化”，也许是从根本上触及和改善人类发展动机、避免城市危机的契机。

杰夫·西雅图（Chief Seattle）曾经说过，“我们不是从先辈手中继承了这个世界，而是向我们的后代租用了这个世界”。**如何从发展新型“城市文化”为优先动机，在传统城市类型基础上推陈出新，探寻一种历久弥新、具有普遍和持续指导意义的新城市类型，可能是寻求面向未来的“理想城市”的关键。为避免使城市发展步入“就事论事”、“急功近利”和“顾此失彼”的思维常态和发展模式，新城市类型的研发应超越传统城市类型的技术性思维模式，将为后代创造具有世界遗产价值的城市作为发展目标，在“观念性”、“艺术性”、“历史性”、“价值性”等“形而上”范畴构建具有普遍指导意义的概念定义和方法模式**。

受“世界遗产运动”和“遗产城市”概念类型的启发，作者在观念和概念两个层面提出新城市类型的初步结论：即符合世界遗产标准的“新城市”是可以有意识创造的（观念结论）和新遗产城市（概念结论）。新遗产城市被初步定义为是“以世界遗产标准为参照，以贮存、流传和创造文化为使命，最终衍生为世界文化遗产的城市类型”。

在明确新城市类型的概念定义和发展方向后，方法的探寻将是至关重要的。显然，研发探究“新遗产城市”的构建方法是一个庞大和复杂的系统工程，它将广泛涉及城市的发展观念、规划策略、经济政策、社会结构、环境特色、文化设施、人力资源等诸多方面，将对诸多传统专业领域的知识体系和思维模式提出新的要求。如何从“世界遗产（文化）系统”（包括传统世界遗产实例、世界遗产入选和评价标准，类型遗产的保护和发展机制等）中“解析”、“转译”和“建构”“新遗产城市”的方法要素和发展模式将是研究方法的要领之一。因此，城市学领域的“专业知识”是必不可少的，而“跨专业视野”和“新专业思维”也将是不可或缺的。

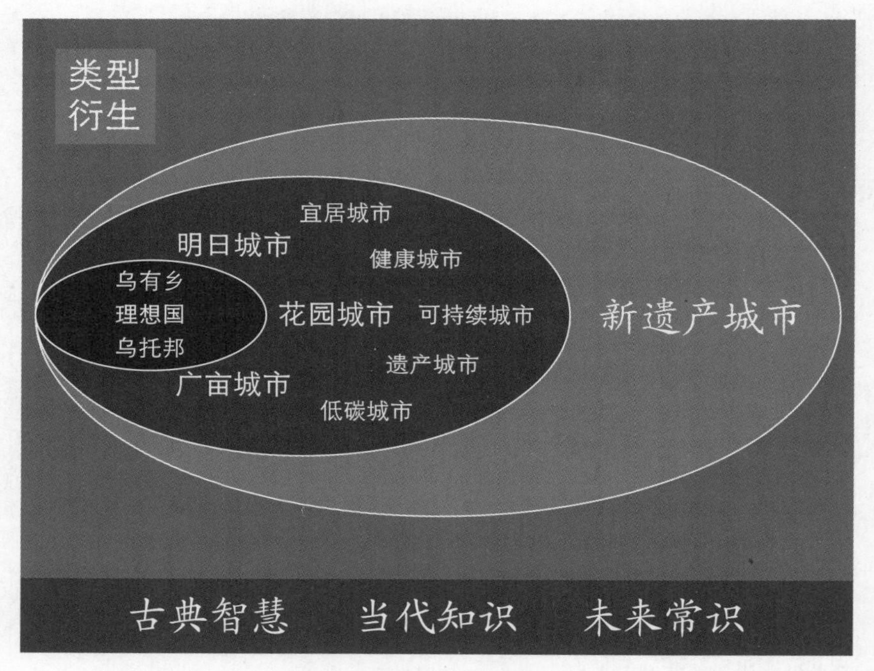

图 2-2　新城市类型衍生

第二部分　方法

方法

(1) method；way；means

(2) 古指量度方形的法则

(3) 现指为达到某种目的而采取的途径、步骤、手段等 ※

“通过局部去了解事物，是科学；
而从整体去把握它，则是艺术。”

——（美国）刘易斯·芒福德（Lewis · Mumford）

第 3 章　方法模式研究

方法论是方法构建的逻辑模式。研究方法的确立和应用是决定学术研究效率和品质的关键，在借鉴成熟方法理论的基础上，作者采用由“概念解析”入手这种基本的路径展开“新遗产城市”方法要素和模式的研讨。

机械论与系统论

众所周知，“机械论”是在被誉为“现代哲学之父”的笛卡儿的推动下发展而成的，在 20 世纪 60 年代以前，从社会工程到人体解剖，从宇宙学到城市规划，“机械论”成为众多领域研究的主要方法论。按照“机械论”的观念，复杂事物是由简单事物构成的，其构成方式为单向线性结构。于是，分析事物方法可以透过由大到小的层次还原路径，直至将最小单元要素解析至尽，再通过由小到大的逻辑复建出事物的整体次序。[①]

“机械论”认为这是解析和认知事物和创造新事物的基本原理和方法。由此，以抽象分拆和解析事物整体的方法论得以逐步建立，这种解析构成要素去认知事物的方法，被称为“机械论”。应该说，“机械论”学说自从诞生以来，对科学和艺术领域的方法论发展起到了重要的推动作用，其影响一直延续至今。随着科学实践的发展，科学家们发现仅有对系统要素的解析并不能充分认知事物的特征，

[①] 邓线平．波兰尼与胡塞尔认识论思想比较研究．北京：知识产权出版社，2009.

事物的全部往往不是构成要素的简单加总,“复杂性”被用来表述系统的重要特征,个体要素并不能独立成为事物的特征和生长的原因,它们之间复杂的关系也是构成事物特征的重要因素。于是我们认知事物除了了解其构成要素之外,更应该对系统的结构机制,即要素之间的“关系”进行“系统研究”,才能了解事物的特征和发展规律,“系统论”方法由此应运而生[①]。它的出现推动了西方传统科学研究方法的进步,在如环境科学、生物学、人工智能等许多领域得到应用和发展。

按照系统论的主要观点,任何系统是由两个以上的“多元要素”组成的整体,单一要素不能构成系统,世界上的一切具体事物、现象、概念,都可以构成系统。此外,按照美国物理学家F·卡普拉(Fritjof Capra)的观点,任何一个系统都具有网络的特征,它持续在更广阔范围中与其他的网络发生着互动关系。[②]因此,对系统要素与外部的交互关系的辨析是认知其本质特征的关键之一,这是对“机械论”认知理论的重大突破。

毋庸置疑,城市就是这样一种由“多元要素”和“复杂关系”构成的系统。按照美国诺克斯(Knox)的“城市化过程(Urbanization As a Process)”理论,“城市化由一系列相互作用的社会、经济、人口、政治、文化、生产技术和环境要素及其相互作用所推动,这一过程最终形成一个动态变化的循环体系。”[③]可以看出,无论“机械论”还是“系统论”,它们分别对“系统要素体系以及要素关系的认知和分析方法”成为帮助人们剖析事物本质、探寻事物发展规律的重要方法,这也是作者建立“新城市类型”方法模式的基本理论基础。

[①]魏宏森.系统论:系统科学哲学—中国文库·科技文化类.北京:世界图书出版公司,2009.

[②](美国)F.卡普拉.物理学之“道”:近代物理学与东方神秘主义.朱润生译.北京:北京出版社,1999.

[③](美国)诺克斯.城市化.顾朝林,汤培源等译.北京:科学出版社,2009.

传统模式的继承和发扬

“城市类型”和“城市模型”研究是一项具有“跨专业”特征的工作，涉及从“观念体系”到“规划方法”，从“文化基质”到“建筑艺术”，从“价值要素”到“空间结构”等众多的专业领域，鉴于时间、空间、资源以及个人学识的局限性，作者首先针对“**观念模式**”、“**价值模式**”、“**造型模式**”、“**规划模式**”、“**设计模式**”和“**空间模式**”等六种方法要素进行探讨，以此作为“新遗产城市”方法模式解析和建构的起点。

“观念模式”

将“通感认知”方式引入，突破传统思维逻辑，建立多向度感知和认知“跨领域”事物内在关联性的“**全通感观念模式**”，以此为契机透视不同概念之间的新涵义。

“价值模式”

借鉴经济学基本学理，将社会、经济、环境和文化四种具有普世性的价值类型及其要素在“新遗产”观念指导下予以结构性组合，梳理出制约和驱动新城市发展的“多维度价值模式”。

“造型模式”

在“原型理论和类型学理论”的启发下，探讨以“原型－类型－模型－造型”为发展逻辑的“**原形态造型模式**”。其中，“文化原型”的辨识和再造被认为是根本的逻辑起点。

“规划模式”

以近现代城市规划理论回溯为基础，结合现代城市规划理论和新趋势，探讨整合不同专业类型和内涵的**“跨专业规划模式”**，为城市规划专业过于细分造成“以偏概全”和“顾此失彼”的方法模式提供“返璞式”思考和启发。

“设计模式”

通过以“动机设计”为起点，“观念设计”、“概念设计”等为核心要素的设计逻辑模拟，将“理性思维和感性思维”归纳为“人性思维”，探讨以人为本的**“新人性设计模式”**。

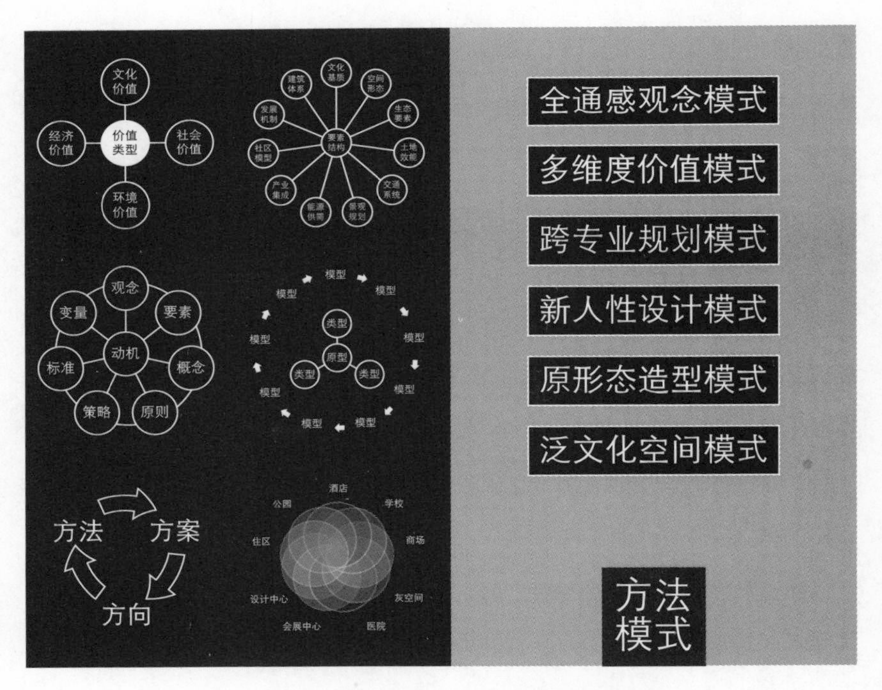

图 3-1 “新遗产城市”方法模式系统

“空间模式”

以“场所理论”为基础，将传统“博物馆”中包含的“博物馆空间”、“博物馆价值”和“博物馆发展”等概念在“城市化”语境下进行外延和内涵扩展，推理出以“博物馆”文化观念为基础的活态化的**“泛文化空间模式”**，并将其定义为“新遗产城市”的典型空间模式。

3.1 观念模式

观念定义：人类支配行为的主观意识，是自身知觉、意识、思想、理智的对象。它会触及所有人的意识活动，成为我们生活中的一部分。※

通感文化与新观念逻辑

按照人体学和心理学原理，人类的认知活动，一般是从感觉、知觉到表象，进而形成概念、判断和推理。而人的感官在感知事物时往往只有单一的认知功能，因此在人们从感觉、知觉到表象的过程也是各种感觉器官将不同信息进行交汇和融合的过程。

通感（Synesthesia）一词源自古希腊语 σύν（syn），“共同”，和 αισθησις（aisthēsis），“感觉”。这是一种具有神经基础的感知状态，表示一种感官刺激或认知途径，是人类普遍的认知方法之一。按照心理学的解析，当人的感官受到外界刺激的同时会自发地、非主动地引起另一种感知或认识，并将记忆相关的其他感觉特征激活，形成特殊信息源，再经过组合和再现，产生通感现象。

著名学者钱钟书先生说过，“在日常经验里，视觉、听觉、触觉、嗅觉、味觉往往可以彼此打通或交通，眼、耳、舌、鼻、身各个官能的领域，可以不分界线……”[①]人类文化和艺术活动的“通感”实际上就是人们的认识活动的一种艺术表现形式。在许多艺术创作领域，通感技巧常被用来打破固有创作和感知方法的局限，“跨越”单一知觉器官感知力的局限，它极大地丰富了文化艺术作品的感召力和审美趣味，起到增强作品艺术效果的作用。

众所周知，客观事物都不是孤立存在的，自然界万事万物之间有着千丝万缕的关联性和由此产生的规律性，“通感”就是由于万物相通这一基本原则基础而出现的一种人类特殊的感知模式。从艺术创作到儿童教育，从建筑设计到经济模型，无数的案例证明，借鉴和运用“通感方法”，可以改变人的感知和思维定势，激发和提高人的综合认知能力和创造力，极大地提高艺术作品的感染力。如利用音乐和绘画的关联体验，对启发儿童智力和艺术创造力具有明显的促进作用；诗歌创作中利用通感技巧产生的“非常态”的语汇和结构，使诗句表现出精彩绝伦、隽永回味的意境。如何借鉴“通感”这一人类的特殊认知原理，建立一种跨越专业壁垒的“新思维逻辑”，是作者一直饶有兴致探讨和思考的。

“Chutzpah”与新观念价值

“Chutzpah”一词源于希伯来语，原意指“超越既定习俗、规范和禁忌行为”。在现代英语中将其内涵扩展为包括“肆无忌惮的勇气”、“挑战陈规的精神”等正面积极的含义。

从科学家牛顿到艺术家杜尚，由于观念创新而导致的文明进步的案例数不胜数，突破僵化的观念壁垒，主动探寻超越经验范畴之外的新观念逻辑，继而

[①] 钱钟书．旧文四篇．上海：上海古籍出版社，1979.

推衍出新的原则和策略，以及新的价值标准，可能是最终扩容传统知识结构和提升创造力，酝酿出一种可持续的“新专业文化”的必经之路。其中，观念的创新和突破是其原始动力，它已成为启迪和推动人类科学、艺术、文化进步的关键手段。

2008 年被评为全球十大最成功的商业公司之一的 GOOGLE 即是通过观念创新成功的经典案例。约翰·席拉库萨（John Siracusa）在评价 GOOGLE 的浏览器时说：“GOOGLE 浏览器最令人兴奋的地方，不是其新增加的某几个功能，不是用户界面上那些一望便知的部分……而是它的设计观念，它蕴含的哲学，它展现出来的那种无所顾忌的胆识……那是一种美。”可以说，GOOGLE 在其成立之初建立的十大观念成为他们构建公司管理模式、市场策略、办公环境、服务标准等所有发展要素的核心价值观，也成为提高该公司竞争力和服务品质的关键。

3.1.1　体系建构“全通感观念模式”

受到通感方法剖析事物本质，改善人类认知力和创造力，借助观念创新开启新价值的启迪，作者借鉴科学思维注重局部和逻辑，借鉴艺术思维关注整体感知的思维特性，把从属于不同领域的（但可能具有内在关联）概念术语进行通感式组合，尝试有别于传统感知和认知方式的全通感观念模式，以此为契机建立可透视事物规律的“新语境”。

研究逻辑　技术－艺术－学术

城市规划，由于是一种在“特定目标指引下的科学方法”，具有技术的属性。同时，由于充满创造性的过程，也被认为是一门艺术。此外，作为一门“有学

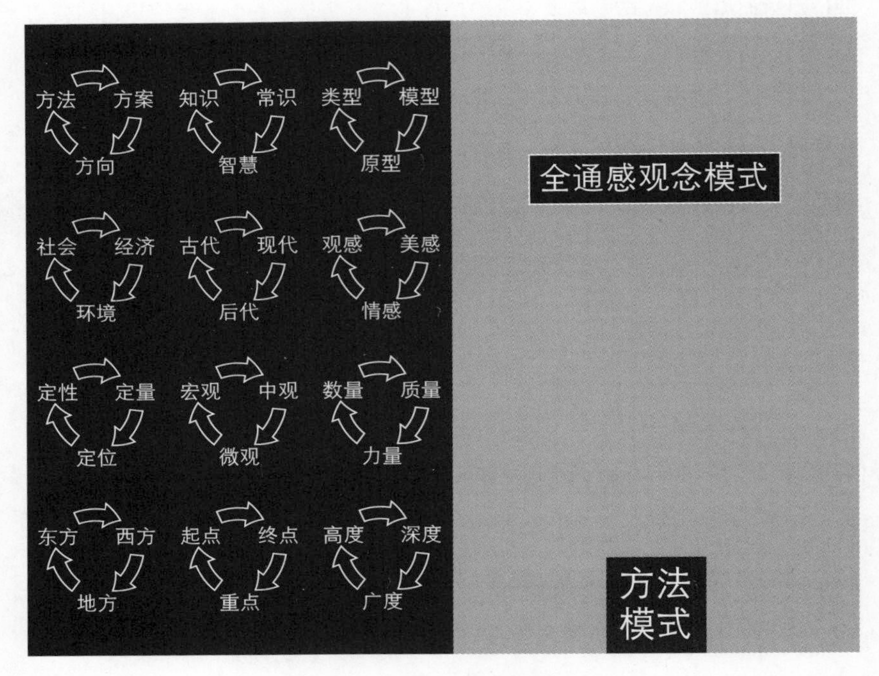

图 3-2　全通感观念模式

科体系的专门学问”，也具有明显的学术特性。如何在技术、艺术和学术不同语境下进行“新城市类型”的探索性思考是一件有意义，更充满挑战的事情。

发展逻辑 方向－方法－方案

通过发展方向甄别和规划方法研发，继而进行方案的创造是作者在实践中常用的思维逻辑。以此“发展逻辑”为指导,以“新遗产城市”为未来城市的“发展方向”,通过“方法模式”建构,最终推衍出“新遗产城市”的“方案”。因此,“方向”和“方法”的形成将直接成为“方案”衍生的关键。

认知逻辑 常识－知识－智慧

知行合一是指导人们行为处事模式的重要原则。对知识、常识和智慧的内涵认知及其关联性解悟，启发作者形成一种由表及里和多维感知的观察和思维习惯。如何将“新遗产”作为一种指导新城市类型发展的观念，将有助于在新观念和新概念的认知层面引导“新遗产知识”、“新遗产常识”和“新遗产智慧”的持续思考，使“新遗产城市”方法模式在不同的知性和智性层次中推衍发展。

形态逻辑 原型－类型－模型－造型

得益于心理学原型理论、建筑类型学理论和系统学理论等学理启发，可以原型为起点，经由类型和模型为发展过程，造型为终点的城市形态发展逻辑，人文要素和自然要素是其基本的原型要素。

文脉逻辑 东方－西方－地方

全球化对地方文脉的侵蚀迫使地方意识逐渐觉醒。以地方性为根基，如何以跨文化观念吸纳和融合非地方性要素，建立因地制宜、因时制宜的新空间文化形态和历久弥新的地方识别系统,将成为“新遗产城市”发展的根本原则之一。

时间逻辑 古代－现代－后代

以延续传统文化和创造新文化为目标的新城市类型中，如何考量以未来为导向的“代际公平观”。对未知的城市要素和资源体系进行弹性预置，为未来发展提供充足的系统弹性是新城市规划的策略之一。

审美逻辑 观感－美感－情感

如何超越狭隘的个人审美趣味，突破仅仅在视觉范畴中将观感、美感作为城市美学的评价要素和评价模式，将更深远的历史情感予以敏锐发现和结构性包容，在更深层次为“新遗产城市”注入具有普世意义和未来价值的新美学基质。

社会逻辑 时间－空间－人间

英国著名社会理论家和社会学家安东尼·吉登斯（Anthony Giddens）在其对社会结构分析著论中，强调了对空间概念的解析，他将区域化、场所、定位过程（取代角色）、面对面互动与共同在场、在场可得性等观念引入，将时间、空间、人的日常接触及其所蕴含的结构性特征融会在一起，赋予社会系统结构理论的现实意义。时间、空间和人间（人类活动）的三维一体，是指导“新遗产城市”类型和模型研发的思考逻辑。

价值逻辑 文化－社会－经济－环境

文化作为城市产生和发展的缘起要素（之一），应该成为“新遗产城市”最根本的发展动因，统筹和引导社会、经济和环境三大基本价值要素，建立四位一体的价值最大化机制。因此，应以文化为核心要素建立完整的“新遗产城市”优先发展原则、系统策略和综合评价体系。

境象逻辑 意境－语境－图境

本逻辑试图建立一种形而上意识形态和形而下境象模拟之间由虚到实的转译路径，使原生或原创灵感途径抽象感知和语汇表达，进而转化为具象认知的呈现状态。建立由城市原型、城市类型、城市模型和城市造型在观念、概念与文字、图像等发展逻辑之间可透视的思维结构和衍生模式。

定位逻辑 定性－定量－定位

从某种角度看，定性是定量的基本前提，定量可以将定性予以科学性度量，有助于事物特征内涵的被认知，也是其再持续发展的基础。由此，新城市定性与新城市定量模式的辩证统一、互为依存的关系将成为形态和内涵迥异的新城市定位不可缺失的逻辑要素。

创造逻辑 感性－理性－人性

感性、知性和理性是康德对人的认识能力三种类型概念表述，感性认识被认为是人类感知事物的初级模式，而理性认识则被认为是对事物内在本质认知的高级模式。作者认为以感性和理性作为方法的评价将不足以明晰创造性思维的本质特性。“新遗产城市”类型的认知和创造试图将感性创造和理性创造在观念方法层面有机融汇，避免传统思维中的简单定义，回归人性化认知和创造的本原形态。

产业逻辑 产业－就业－创业

产业规划和资引入是驱动城市发展的重要手段，如何将其与就业机制和创业机制进行组合，实现由产业、就业和创业三位一体的新机制模式，这是决定城市经济和社会和谐发展的基本保障。

目标逻辑 起点－终点－重点

“新遗产城市”拟以世界遗产标准为定位起点，以成为世界文化遗产为终点代表独特的当代和地方文化，对建筑、技术、纪念性艺术、城镇规划、景观设计产生影响并“促进人类价值的交流”则成为其重点，这为“新遗产城市”的规划发展提供了路径和要领指引。

新文化逻辑 遗产－遗传－新遗产

人类“灵妙化”进步历程中不断造就的文明结晶是最值得我们传承的，在新的时代背景下为后人创造有“普世价值”的遗产成为人类的共同责任。作为“人类最杰出的创造物”和“人类共同的文化财富”，世界遗产概念及其评价体系对“新城市类型”研究带来了意义特殊的启迪。而“符合世界遗产标准的‘新城市’是可以有意识创造的”则是引发作者深思的观念。

作者认为，无疑还存在大量从多种角度透视不同领域内在关联性的概念术语和认知逻辑，对这些不同事态之间隐性和显性关系的透视，将可能有助于新城市发展规律和系统方法的创造性突破。

3.2 价值模式

价值：凝结在商品中无差别的人类劳动，即产品价值。价值分为使用价值（给予商品购买者的价值）和交换价值（使用价值交换的量）。※

城市价值的类型和要素

一般来说，城市价值是指城市在一定时期和一定区域范围内产生的各种产出效益的总和，它由若干基本价值类型构成，其中，社会价值、经济价值、环境价值和文化价值是主要的价值类型。

各种价值类型分别由不同的价值要素构成，如社会价值要素包括城市安全性、公平性和城市的知名度等；经济价值要素包括城市税收水平、产业结构、民营经济等；环境价值要素包括生态安全度、绿化率、生物多样性等；文化价值要素包括城市识别度、文化设施数量和质量等。

城市存在和发展的根本意义与城市综合价值的大小息息相关，而寻求系统价值的最大化就成为城市发展的首要目标，该目标是在不同的发展时期和不同条件下，经过产业结构、土地功能、贸易政策、教育制度、就业模式、生态保护等价值要素的互为因果、相互作用而逐步实现的。

因此，多种价值要素的系统分析是建立城市发展动力、评价城市发展效益，从“定性和定量”两个层面发展城市综合价值评价指标体系的基本手段。作者以社会、经济、环境和文化四个基本价值类型及其要素为基础构建“多维度价值模式”，并以此作为“新遗产城市”研究的核心模式之一。

3.2.1 体系建构——“多维度价值模式”

价值类型和城市评价要素

“人口规模适度、生态环境良好、经济比较发达、劳动就业充分、基础设施完备、交通通信快捷、社会安全有序、医疗保健完善、市容整洁优美、生活舒适便利、政府廉洁高效、社会保障健全、科技教育进步、文化体育繁荣、市

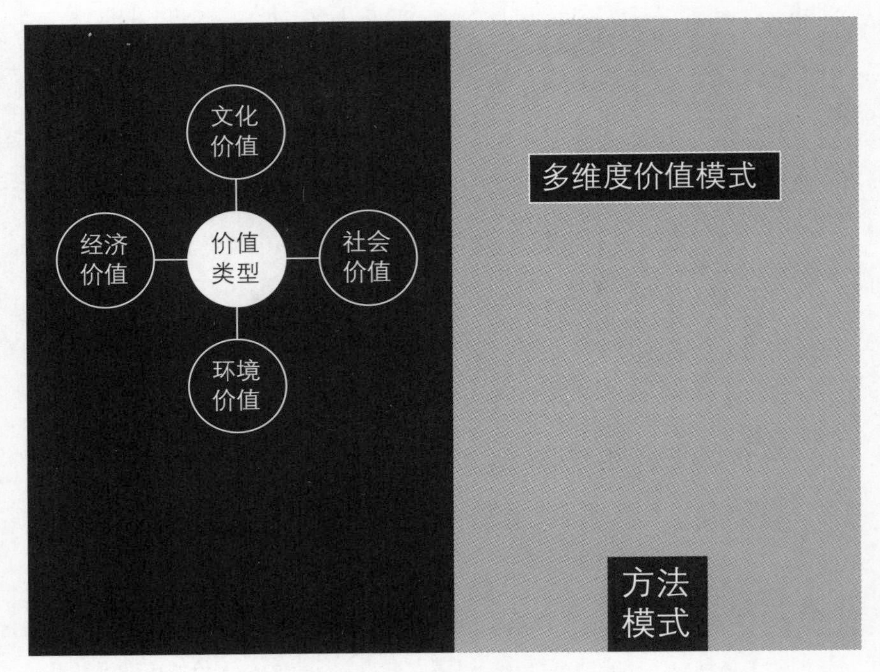

图 3-3　多维度价值模式

民素质优良”被总结为具有普遍意义的理想城市特征。如何实现这些城市理想目标，在相当程度上取决于社会、经济、环境和文化这四大价值要素品质以及它们的共生机制。通过对以上价值类型要素的深度认知，建立城市系统价值最大化的策略体系以及评价方针无疑成为研究新城市类型方法的重要部分。

3.2.1.1　环境价值要素和目标

如今，环境保护已成为一个不容回避的世界性问题，城市与环境的关系基本上是一种价值关系的反映，这种价值关系的演变是影响城市发展模式的关键因素之一。如何从系统价值最大化的角度解析城市与环境的相互关系，将为建立城市与环境的和谐发展奠定重要的理论基础。

环境价值要素

按照常理，典型的城市环境价值要素包括但不限于以下若干有机关联的要素，如区域生态物种（动物和植物）类别和数量，以及动物栖息地状态；城市内、外可再生和不可再生资源类型和总量；城市发展对外部环境影响度；区域原生自然环境要素类型和总量；区域大气候和微气候要素和状态；区域的交通模式，土地利用与环境影响状态；城市公共开放空间数量，布局及使用效能；城市建成环境节能系统和使用效能；区域食物链供应和需求模式；防止和降低各种污染系统的机能等。

环境价值策略

以可持续发展为基本原则来看，具有普遍参考意义的城市环境价值提升策略包括：最大化保持原生自然地形地貌系统特征；提高土地资源（地上和地下）高效利用，最大化降低对原生地表和生物圈层的破坏；维护适合本地生存的动、植物物种的多元化；通过“生态脚印”模式，以减少化（Reduce）、循环化（Recycle）和再利用化（Reuse）减少生态赤字；针对地域大气候特点，营造与自然和谐的微气候环境格局；最大化减少原材料和成品的采购半径，形成以低污染、低成本的本地资源供需链；通过舒适、安全、便捷的低排放交通模式引导民众理性的出行行为；最大化杜绝和消解污染源，包括噪声、空气、水、光污染等。

3.2.1.2　社会价值要素及其最大化策略

一般来讲，社会是一种主体、客体和中介的价值存在，它是包含以自我个体、他人和群体等为代表的多种社会价值主体，事物、精神、空间等多种价值客体，信息、媒体和符号等多种中介在内的复杂价值体系。城市社会价值研究对象就是以城市社会主体为核心的社会价值体系。

社会价值要素

具有代表性的城市社会价值要素包括但不限于以下若干有机关联的要素，如社会群体的混合程度；城市社区的开放度；市民对城市的信任度；城市总体安全性；民众健康维护和保障程度；就业机会、就业概率和就业能力；社会公平性；教育设施的数量、质量和发展机制；城市内外部资源流动性；公共决策机制和效率；城市的知名度和美誉度；生活质量满意度等。

社会价值策略

与以上要素系统相对应的城市社会价值提升策略常常包括诸如以开放式的规划模式鼓励社会公众的广泛参与；扩大社会族群类型的多元化、公平性和稳定性；关注城市多层次空间体系的公共性；提高地方就业机会、就业率和就业能力；减少和抑制区域犯罪率和安全隐患；凸显城市建成环境和自然环境的识别性；扩大民众城市区域的地方自豪感；有效保持城市的可持续发展动机、动力和平衡机制；建立城市内外一致的认同度和关联性；创造可持续的生活、工作和休闲模式等。

3.2.1.3 经济价值要素和最大化策略

经济这一词来源于希腊语，其意思为“管理一个家庭的人”。按照通俗的解释，经济价值是指任何事物对于人和社会在经济上的意义。经济学上所说的“商品价值”及其规律则是实现经济价值的现实必然形式。而城市经济是指由工业、商业等各种非农业经济部门聚集而成的地区经济的总体。

经济价值要素

具有代表性的城市经济价值要素包括但不限于以下若干有机关联的要素，如城市发展投资主体类型和结构（公共投资、政府投资和私营投资）；城市盈利模式；城市资产（土地、房屋和公共设施等）及其潜在发展性；城市居民个人和家庭收入结构及其增长变量；产业类型和比重（如都市农业，创意产业、旅游业，教育业等）；民间经济活力和比重；引进和自创产品、服务品牌的数量；可持续的投资资源类型和数量等。

经济价值策略

相对应的城市经济价值提升策略包括：保障城市投资主体和组合机制的健康性；建构多层次的盈利模式和保障体系；有效建制城市土地的弹性利用策略；保持城市土地资源和设施体系的价值含量；创造新型的土地价值链和持续开发模式（如农业地产）；研发新型产业类型和结构模式，建立基础需求导向为主“微生经济生态链”（如“家庭产业”，“社区产业”等）；建立城市内部可循环的生态资源供需网；扩大城市经济行为的外向赢利能力等。

3.2.1.4　文化价值要素及其最大化策略

城市文化体系由众多不同类型的文化要素构成，如城市的人文历史，地方艺术、教育体系、自然景观和居民构成等。从价值的角度看，不同类型的城市文化要素会通过不同的载体表现出不同的价值形态。

文化价值要素

具有代表性的城市文化价值要素包括但不限于以下若干有机关联的要素，如区域和城市文化和亚文化类型；城市人文设施数量和质量；城市文化政策和政策弹性；民众对地方文化的认知度和认同度；外来文化要素和类型；地方民众对可持续发展观念的认知度；社会公益事业活力度；优秀文化和艺术人力资源的稳定性；城市对外人文、艺术活动机制；民众社会性活动参与程度；民众综合素质（危机意识、全球化意识）及其教育程度；城市人文艺术活动与民众生活内涵关联度等。

文化价值策略

相对应的城市文化价值提升策略包括：建立本地原生人文、艺术资源维护和应用系统；发展有地方和城市特征公共设施系统；营造多元化、开放式地方人文资源的教育和传承机制；搭建大众和小众传播通道，增强地方文化的内在认同和传播效能；设立多层次的外向型艺术文化交流平台，增强外部对地方文化的认知与认同；强化地方人文资源的教育和研发系统，保障文化的传承和发扬；引导民众决策参与机制，将地方智慧纳入城市发展；增加民众生活中的地方文化和艺术内涵等。

特殊的城市价值——文化遗产价值

在城市的价值类型中，与历史遗存紧密关联的遗产价值，是一种近年来引人注目的特殊文化价值类型，它们承载着古代文化信息，启迪着当代文化创造，也孕育着未来文化产生。可以说，遗产的价值是多方面的，其中，最根本的是遗产自身的价值。对于文化遗产来说，历史信息是其价值的主要内涵和体现，它们常常通过以原物的固化而成的化石功能和见证历史活动的磁带功能储存在文化遗产的自身结构和性状之中得以流传。

需要特别指出的是，在根据联合国教科文组织的世界遗产入选资格中规定，对所有提交入选的遗产项目“须具有突出的普世价值”。而对于普世价值的内涵解读，是“新遗产城市”类型研究的重要内容。

所谓“普世价值”指适用于一切时代，一切文化，每个人和不同范围的人类整体的积极性质或积极意义。它包括可量化有用性或效用性的价值和人文价值，比如人类对健康长寿的渴求，对生活方便、舒适、高效的追求等等属于普通价值；然而，对普世人文价值的追求和认同却反映着人类精神的成熟程度。[①]

著名的人类心理学学者马斯洛（Abraham Harold Maslow）的需求层次论认为，人类的共性需求有五个层次：

（1）生理需求：这是人类维持自身生存的最基本要求，包括饥、渴、衣、住、性的方面的要求。

（2）安全需求：这是人类要求保障自身安全、摆脱事业和丧失财产威胁、避免职业病的侵袭、接触严酷的监督等方面的需求。

（3）感情需要：包括两个方面的内容。一是友爱的需要，即人人都需要伙伴之间、同事之间的关系融洽或保持友谊和忠诚；人人都希望得到爱情，希望爱别人，也渴望接受别人的爱。二是归属的需要，即人都有一种归属一个群体的感情，希望成为群体中的一员，并相互关心和照顾。

（4）尊重需要：分为内部尊重和外部尊重。内部尊重是指一个人希望在各

[①] 孙克勤．世界文化与自然遗产概论．北京：中国地质大学出版社，2005.

种不同情境中有实力、能胜任、充满信心、能独立自主。外部尊重是指一个人希望有地位、有威信，受到别人的尊重、信赖和高度评价。

(5) 自我实现需要：这是最高层的需要，它是指实现个人理想、抱负，发挥个人的能力到最大程度，完成与自己的能力相称的一切事情的需要。[①]

马斯洛理论告诉我们，“人性共性需求”（即马氏提及的“一层次需要”）使人类具有共同的生理和心理需求，以及对人类存在经验与教训的共同认知图式。对这些认知图式的解析和领悟，创造出满足人类共同需求的城市要素体系，是创造城市“普世价值”的基本方法，也是“新遗产城市”模式构建的基本内涵。换句话说，“新遗产城市”的发展应该以充分满足人的共性需求为前提，只有如此，具有“普世价值”的“新遗产城市”方得以奠定。

3.3 造型模式

形态：指事物在一定条件下的外在表现及其内在结构。这种形态可以分为两大类：概念形态与现实形态。一般为空间所规定的形态有两方面的要素：一是质的方面，它有点、线、面、体之分；一是量的方面，它有大小之别。几何的图形是没有量的假想图形。概念的形态就是这样一种不能直接感知的抽象形态，无法直接成为造型的素材。※

由于城市形态概念的独特视野和方法逻辑，使其在建筑学、城市规划和城市地理等学科引起广泛的关注和应用。通常看来，广义的城市形态研究包括“社会形态”和“物质环境形态”两个主要方面。它是一个不断分解和综合的

[①]（美国）马斯洛．动机与人格．许金声 等译．北京：中国人民大学出版社，2007.

过程，包括归纳和描述形态的结构元素，并在动态的过程中恰当的安排新的结构元素。[①]

原型

“原型理论”由被誉为“20世纪最伟大的思想家之一”的瑞士著名心理学家卡尔·古斯塔夫·荣格（Carl·Gustav·Jung）提出，他是世界著名的奥地利心理学家弗洛伊德（Sigmund·Freud）的晚辈与合作者，其修正了弗洛伊德关于艺术创作是受无意识的性欲所激发的观点，并在其潜意识理论的基础上提出了自己的集体无意识理论，创立了独特并具有深远意义的分析心理学。该理论关注于对人类心理中恒定因素的研究。他把人的无意识分成两个部分：个人无意识和集体无意识，集体无意识处在不易被人觉察的心理底层，但是它却深层次地制约人的重要行为或意识，而“原型”就被他确定为人从集体无意识过渡到具体事物的中介。“原型决定的事物表象呈现的原则，不是具体的显现”，它是一切心理反应的普遍形式，多向度地渗透在文学、历史、哲学、心理学、考古学等多个领域。

原型理论提供了一种认识事物起源和发展本质的新探索，为众多科学和艺术领域的研究拓展了思维模式，自其诞生以来，成为诠释人类文化等众多领域的深层次心理动机和发展逻辑的重要方法。如原型理论对艺术本质的分析指出，“艺术是原型的显现，是生命的真实呈现，艺术不是创作者自我的宣泄，而是人类心灵深处的原型的表达，所以它彰显的是全人类共同的生命之源，原型在艺

[①] 段进，邱国潮．国外城市形态学概论．南京：东南大学出版社，2009.

术中的显现不是直接的，而是以象征的方式，因此具有了多义性和模糊性。”[①]

英国人类学家爱德华·伯内特·泰勒（Edward Burnett Tylor）可能是原型理论最早的提出者之一。在1871年出版的《原始文化》一书中，泰勒最早提出艺术起源于“巫术”的理论主张。他认为，山川草木、鸟兽虫鱼等万物有灵成为原始人思维的主要特点，而巫术成为把持有灵万物和人类交流的手段。[②]

此外，由英国著名人类学家詹姆斯·G·弗雷泽（James George Frazer）写的人类学著作《金枝》也被认为是原型理论的启蒙之作。他通过比较研究世界多民族的宗教、神话和仪式的基本模式特征，指出远古神话是仪式活动的产物，是伴随或后于这种活动的描述。而巫术被认为是原始部落的一切风俗、仪式和信仰的起源，由于人类利用巫术去控制神秘的自然界的尝试不能实现，宗教于是被创造出来与神交流的通道。当宗教在现实中也被证明是无效时，人类才逐渐创立了各门科学，以此来揭示自然界的奥秘。据此，弗雷泽提出了一个意义极其重大的人类思想发展公式：巫术—宗教—科学。[③]该逻辑的出现，有效地帮助人们理解了历史上众多文化现象，如城市的诞生和发展的可能原因和发展逻辑。

类型和模型

类型一词最早出现在公元前6—7世纪的小亚细亚的希腊城邦，意指“relief”（对照）、“engraving”（雕版和版画）。在19世纪晚期20世纪初，在语言学及逻辑思想的影响之下，类型的观念在思想界获得一种新的中心地位。这时产生的是非常抽象及一般的类型理论，在许多不同的领域中，形成系统的学问，谓之

[①] 夏秀．荣格原型理论初探．济南：山东师范大学出版社，2000.
[②] （英国）泰勒．原始文化．连树声译．桂林：广西师范大学出版社，2005.
[③] （英国）弗雷泽．金枝（上下册）．徐育新等译．北京：新世界出版社，2006.

类型学。

法国著名的建筑理论学家科特米瑞·德·昆西（Quatremere de Quincy）对“类型”与“模型”的内涵给予了较为清晰的解析。他认为，“类型（Type）不是事物形象的抄袭和完美模仿，而是意味着某种因素观念，这种观念成为模型的建构规则。模型（Model）则在艺术的实际操作意义上，是一个重复的客体。类型是人们分划不同作品概念的依据，具有一定模糊性，而其模型则是精确清晰。类型所模拟的总是情感和精神所认可的事物。”[①]科特米瑞·德·昆西对物件创造中类型和模型 的发展逻辑的阐述和明晰，极大地丰富了类型学说的理论内涵，对作者的“新城市类型”研究具有重要启发意义。

建筑类型学和城市类型学

“类型学”最早起源于意大利与法国，其代表人物为意大利建筑师玛拉托利（Maratori）、坎尼吉亚（Canniggia）和罗西（Rossi）。根据罗西的解释“类型是普遍的，它存在于所有的建筑学领域，类型同样是一个文化因素，从而使它可以在建筑与城市分析中被广泛使用。”[②]建筑和开敞空间的类型分类成为类型学关注的重点，并以此作为解释城市形态的起因并推衍城市发展方向的理论工具。由于一个类型学只需研究一种属性，所以类型学方法经过不断地推演发展，自 18 世纪以来，被广泛作为研究建筑、城市形态和构成规律的方法。

需要说明的是，建筑和城市的类型学理论，不在于具体的设计范式的规制，但它是一种认识建筑和城市发展规律的重要方法与思考模式。

① (France) Quatremere de Quincy, The true, the fictive, and the real : the historical dictionary of architecture of Quatremere de Quincy. London: A. Papadakis, 1999.

② 汪丽君 . 建筑类型学 . 天津：天津大学出版社，2005.

安东尼·维德勒（Anthony Vidler）在《第三类型学》中对建筑类型学的发展做了系统的梳理。他认为自18世纪中叶以来，有三种主要的类型学是建筑创作的理论依据。第一种类型学回到了建筑的自然起源——原始棚屋——这一模型上，它认为建筑是对自然基本秩序自身的模仿，它将茅屋的原始质朴性与完美几何形态的理想联系在一起。按照陆吉尔（MA Laugier）的观点，原始棚屋就是建筑的一个经典原型，建筑即是经过对这个原型的模仿生成，并且延展扩张为城市。如同自然界的植物一样，外观可以成为确立建筑种类的系统要素之一。

第二种类型学是伴随着工业革命而出现的，它是由经济标准联系起来的意义与终极的辩证法，它将建筑仅仅视为技术问题。因此，屈从于功能精密性的非凡的机器成为了效率的典范，建筑等同于大规模生产中的物体。它将建筑与机器生产相比拟，发现建筑的本质就存在于向发动机这样的人造物中，其中以法国建筑和城市规划师勒·柯布西耶（Le Corbusier）的“住房是居住的机器”最为典型。他对19世纪以来的陈旧建筑观念和复古主义的建筑风格不予认同，提出“我们的时代正在每天决定自己的样式”，“建筑的首要任务是促进降低造价，减少房屋的组成构件。”对建筑设计强调“原始的形体是美的形体”，简单的几何形体受到他的推崇，高层建筑和立体交叉等新型建筑和城市类型被他提出。他的理论也成为20世纪推动世界建筑设计和城市规划现代化进程的重要力量。[①]

第三种类型学以阿尔多·罗西（Aido Rossi）和克里尔兄弟（L.&R. Krier）为代表，传统城市成为他们关注的焦点。在克里尔兄弟看来，类型学包括了城市中物质和空间的统一，城市空间与建筑空间、实与虚、私密与公共的辩证关

[①]（法国）勒·柯布西耶．走向新建筑．陈志华译．西安：陕西师范大学出版社，2004.

系不应当是政治社会经济因素的结果，而是一种综合的“文化的理性意向”。他们主张回到传统中去学习，从传统中寻找失去的意义。[①]

受科特米瑞德·昆西对类型定义的启发，阿尔多·罗西将荣格的原型理论引入建筑学领域，构建了新理性主义的建筑类型概念。他认为：“类型的概念就像一些复杂和持久的事物，是一种高于自身形式的逻辑原则”。此外，“类型按照需要对美的渴望而发展的，一种特定的类型是一种生活方式与另一种形式的结合，尽管它们的具体形式因不同的社会有很大的差异。”[②]

按照新理性主义的理论，物质模型（形而下）的多样性是人们容易辨识的，而统筹其精神内涵（形而上）的类型要素及其永恒性则是不易分辨透视的。可发展性是“类型”的重要特征，并且原型和类型之间在形而上的层面具有推衍的逻辑性，一个同一的原型，由于不同的类型要素、生成背景和组合机制，可以衍生出一系列不同的类型形态。

国际性与地域性、建筑与环境的和谐性等已然成为当下建筑类型学的核心内容，在类型学设计方法的启发下和“新地域主义”观念影响下，大量学者和设计师们开始了从“地方文化”中提炼建筑“原型”的实践和学术研究工作。

类型学设计方法

按照类型学学说的表述，探索事情的现象和本质，结果和原因的机制还原是类型学的基本方法，它试图超越特殊物件在具体的制作层面、外观符号等的形而下的诸多细节，而关注于对物件形态依存和附庸的形而上系统中的人文精

[①] 汪丽君，舒平．类型学建筑——现代建筑思潮研究丛书第一辑．天津：天津大学出版社，2004.
[②]（意大利）阿尔多·罗西．城市建筑．施植明译．台北：中国台湾博远出版公司，1992.

神内涵的发现和总结。经典的类型学还原逻辑分为两个步骤：

1. 从对历史模型形式（具象）的还原（抽象）中获得类型；

2. 再将类型结合具体时空背景还原到具体的形式（具象）。

在这个由历史具象物件出发，经由抽象提炼归结，再生发出具象物件的还原过程中，不同的执行者具有将个体价值观、审美趣味等不同动机要素植入和重构的多元可能性，从而提供了在同一的抽象原型之下，造就出形态迥异的物件类型和模型的机会。

安东尼·维德勒（Anthony Vidler）以罗西、克里尔兄弟等为代表的新理性主义者的学术思想为基础，将以类型学为核心的设计方法总结为以下三点：

1. 继承现有模型形式中的构建"方法"；

2. 在各种"类型"之间推导出特殊的片断；

3. 在新的机制系统中重构这些片断而建造新的"模型"。

这个由"模型—抽象—类型—还原—模型"的发展逻辑再次表明，利用类型学设计方法，可以将"历史性要素"和"个体性要素"有机结合起来，建立起一种具有文脉逻辑的发展次序，而"初始原型"的发现，"类型原则"的提炼和还原被认为是类型学设计方法中的重要环节，在城市规划、建筑设计等领域得到不断应用。

在古代中国，《周礼》和《管子》等宣扬的礼制思想和社会伦理学说，对历来的城市类型和空间格局产生了重要影响。如《周礼》"考工记"提出的"围合城墙"、"南北轴线"、"宫城居中"和"对称布局"对集权政治和社会伦理，以及《管子》推崇的自然哲学观，强调居住环境与自然环境的和谐共生形成了中国传统城市形态理论的重要内涵，也成为指导古代城市规划和设计的主要指导纲领。"九宫"格局成为反映古典国家礼制和社会伦理思想的经典城市模型，也成为沿袭至今的主要城市空间原型之一。

值得一提的是，由德国的斯卢特（Schlter）为代表提出的“形态基因”（Morphogenesis）概念为西方后来的城市形态研究提供了理论基础。康泽恩（M.R.G.Conzen）进一步发展了“形态基因”这一学术概念，通过分析欧洲中世纪城镇，规划设计元素被划分为“街道和由他们构成的用地单元（Plots）和由它们集合成的街区；以及建筑物及其平面安排”。在此上基础，“规划单元”（Plan unit）、“形态周期”（Environmental period）、“形态区域”（Environmental regions）、“形态框架”（Morphological frame）、“地块循环”（Plot redevelopment cycles）和“城镇边缘带”（Fringe belts）等构成了一套完整的城市类型研究和规划设计的概念方法，此方法体系在英国发展为著名的康泽恩学派。[①]

对城市规划和设计来说，类型学方法的出现，既有认识论意义又有方法论意义，是一种指导城市规划和设计实践的重要理论。对类型学最朴素和经典的描述来自于安东·舒威霍弗（Anton Schweighofer），他认为：“类型学建造的目的，不是发明新东西，而是发现某些已经存在的新东西。”许多建筑师、城市规划师利用此方法论为基础，探索出一系列推陈出新的城市规划和设计的新型法则。例如，罗西相信形式是变的，生活也是可变的，但生活赖于发生的形式类型则自古不变，他通过对意大利古城镇的研究，从早已存在的城市模式体系中，利用类型学方法提炼出符合时代特色和新生活观念的新型城市建构法则。

城市是人们长期生存、生产和生活的“容器”，长久以来，人类的生存、生活法则和发展动机并没有发生根本的变化，主要的变化来自生产方式的进步。

① （美国）万斯．延伸的城市——西方文明中的城市形态学．凌霓，潘荣译．北京：中国建筑工业出版社，2007.

以可持续发展观念来看，充分沿承前人的智慧和知识结晶，是推动城市创新和文明进步的重要途径。毋庸置疑，在以遗产城市为代表的大量古典和经典城市形式类型中，蕴涵丰富的历史文化、传统智慧和记忆信息等丰厚的精神遗产，如何从这些遗产中汲取出有普世价值的城市原型要素，继而转译和创造出新的城市类型和城市模型，这是类型学理论对新城市类型方法研究最大的启发之一。

模式建构——“原形态造型模式”

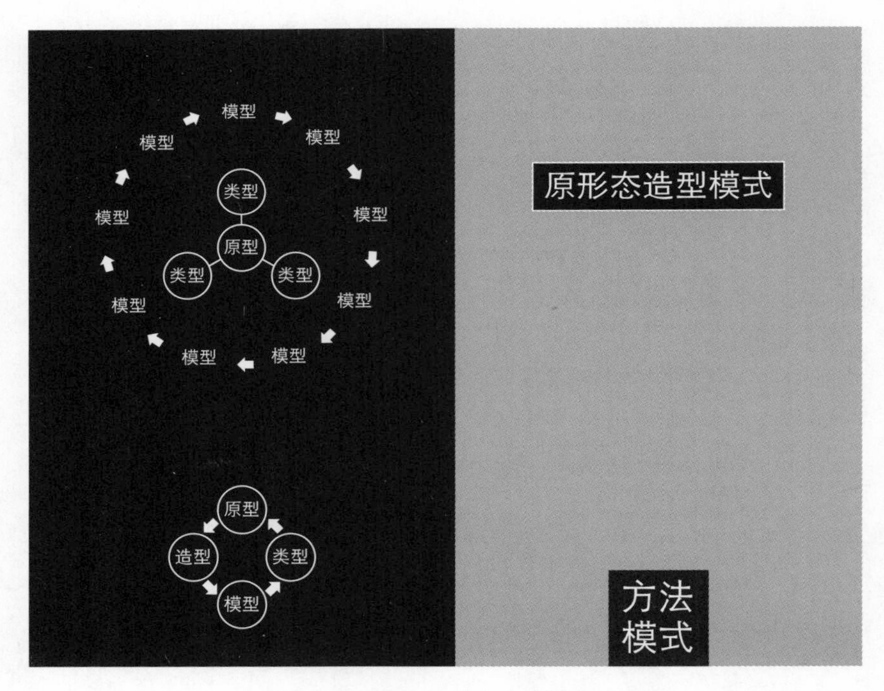

图 3-4　原形态造型模式

原型—类型—模型—造型

通过事物表象探寻其内在“永恒的规定性”成为以荣格为代表的原型理论与类型学之间的共同特征。历史和现实，形式和意义在类型学的还原中得到了精妙的重构和再生。按照阿甘本（Giorgio Agamben）的言论：“接受了对类型的先验还原，艺术家能够将自己从一种被决定了的历史形式的影响中解放出来，将历史形式中性化”。因此，文化和文明在新的时空语境之下的推陈出新便具备了一种新的发生态势。

以原型理论学说和类型学设计方法等学术理论为基础，作者将原型、类型、模型和造型构建为一种“原形态造型模式”，以此作为“新遗产城市”的形态发展逻辑。该模式以城市原型（形态基因）的遴选和解析为起点，从中探寻具有文化和自然延承价值的新城市类型的原型基因，进而推衍和还原出具有“永恒规定性”的城市类型（城市特征定义）；从而建立具有地缘性和时代性的城市模型（城市要素、策略和发展机制）和城市造型（城市形态总体设计）。由此完成城市形态由观念到原则，由策略到空间的转译，由系统规划到系统设计逻辑的理性导引。

3.4 规划模式

城市规划：城市规划是对一定时期内城市的经济和社会发展、土地利用、空间布局以及各项建设的综合部署、具体安排和实施管理，涉及众多专业领域，具有综合性、政策性与前瞻性等特点。※

三大宪章与城市规划理论

城市规划理论随着人类科学、艺术和文化理论与实践的不断发展而经历了不断演变和发展。自 20 世纪初以来，现代建筑运动的发展，对世界现代城市规划理论体系的形成和变化起到了积极的推动作用，其中分别在 1933 年、1977 年和 1999 年世界建筑师大会期间发表的《雅典宪章》、《马丘比丘宪章》和《北京宪章》中，在不同时期对城市规划理论和实践均产生了举足轻重的影响。

《雅典宪章》与空间功能规划

《雅典宪章》于 1933 年在国际现代建筑会议发表，此次大会主题为“功能城市”，参会者均为现代建筑运动的建筑师群体，该宪章较为集中地反映现代建筑运动对现代城市规划的基本认识和思想观点。

《雅典宪章》中明确提出“居住、工作、游憩和交通”是城市的四大主题活动，城市功能用地应依据四大活动类型进行规划区隔，规划工作需要重视城市的整体分析，有效统筹、管理城市四大主题活动，以缓解疏导活动之间的矛盾为目标，构建合理、有效率和舒适的城市空间结构和环境质量。此理论摒弃了传统城市规划中追求画面构图的美学性为优先原则和评价要素的“感性需求”，增强了城市规划目标体系中城市功能属性层面的“理性需求”。城市规划的基本任务是有目的地制定能够成功组织各功能区的空间格局，其终极结果是设计出以表现城市空间方案为核心的“终极蓝图”。[①]

《雅典宪章》强调“物质空间决定论”，通过物质空间变量的控制规划形成舒适宜人的城市环境，由此达到系统解决城市的社会、经济、政治等若干问题，

[①] 奚传绩 . 中外设计艺术论著 . 上海：上海人民美术出版社，2008.

推动城市的发展和进步。此外，在由弗里德立克·吉伯得（Frederick Gibberd）和李威思·克里（Lewis Keele）的经典城市规划教科书中《市镇设计》和《城乡规划原理和实践》中，也清晰地表达出这种"物质形态论"的观念。在20世纪60年代以前，城市规划基本处于以空间为基础的物质形态规划，建筑设计师成为城市规划的主要代言人。

《马丘比丘宪章》与系统理性规划

在20世纪60年代末期，布莱恩·麦克劳林（Brian Mclonglin）在他的经典著作《系统方法在城市与区域规划中的应用》中，将系统方法、理性决策和结构控制纳入城市规划范畴，此观点的提出，成为之前占据主流地位的物质形态论有力补充。麦克劳林认为，城市规划应具有超越物质形态设计的范畴，城市规划中的系统方法和理性决策过程具有不同的内涵和价值。系统是把城市规划的主要对象——城镇、区域乃至整个地域环境作为一个大系统，通过系统方法来对其进行分析和处理，强调整体性、相关性、结构性、动态性和目的性。理性决策过程则要求城市规划的全过程需经由理性工具的决策，城市规划师担任的是科学系统分析者的角色，应保持完全理性和价值中立。[①]此后，于1977年发表的《马丘比丘宪章》进一步确定了这一理论，并把人与人之间的相互关系放在城市规划核心任务的地位。

简言之，《雅典宪章》是以机械主义和物质空间决定论为理论基础；按照功能属性将城市分成若干空间体系；《马丘比丘宪章》则认为人与人的多层次社会、经济和文化交往，以及由此建立的人文秩序才是影响城市的根本动因。强

[①]（英国）J.B. 麦克劳林 . 系统方法在城市和区域规划中的应用 . 北京：中国建筑工业出版社，1988.

调各部分之间的关系而予以系统整合。《雅典宪章》重视城市规划的成果性；而过程性和动态性则是《马丘比丘宪章》所强调的。两者对城市规划在城市发展中所扮演的不同角色和价值给予了不同层面的定义和诠释，为后来的规划理论和方法研究提供了坚实的学术基础。

《北京宪章》与“广义建筑学”

通过回顾百余年来的世界城市化进程和建筑、城市规划理论的发展历史，1999年在北京召开的世界建筑师大会认识到：“人类面临的挑战是复杂的社会、政治、经济、文化过程在由地方到全球的各个层次上的反映……可持续发展观念正逐渐成为人类社会的共识，其真谛在于综合考虑政治、经济、社会、技术、文化、美学各个方面，提出整合解决办法，走可持续发展之路必将带来新的建筑运动，促进建筑科学的进步和建筑艺术的创造，为此，有必要在未来建筑学的体系建构上予以体现”。“广义建筑学”观念在此基础上被提出，《北京宪章》指出：“全面、广义的建筑观应该成为所有建筑专业人员之必备……通过城市设计的核心作用，从观念和理论基础上把建筑、景观和城市规划学科的精髓整合为一体，将我们关注的焦点从建筑单体、结构最终转换到建筑环境上来……”在回顾历史和面对未来的情境下，《北京宪章》倡导一种以更“广义的、综合的观念和整体思维，在更大的范围内建立新的专业结合点，解决问题，发展理论”。[①]

专业、跨专业与新专业

《北京宪章》倡导的“广义建筑学”希冀在更广泛、系统范畴内建立新专

[①] 奚传绩．中外设计艺术论著．上海：上海人民美术出版社，2008.

业体系的观念，应合了东方人千百年来所推崇的“整体思维”智慧。与建筑相比而言，城市以及城市规划在人类持续发展这一宏大工程中所担负的重任和意义更为深远，涉及的系统结构和要素类型更为复杂，这种跨领域、跨学科的系统思维模式，对未来城市规划理论的更新与发展具有非同寻常的学术和实践指导意义。

有目共睹的是，由于传统城市规划专业的不断细分，各自为政，专业结构体系难以适应城市化中呈现的复杂态势。在更新的观念指导下，建立一种涉及类型产业、地方文脉、旅游因子、就业机制、交通模型、基地设计、空间体系、环境优化、资源成本和美学评价等多专业整合的新型规划和设计方法模式已经成为城市规划领域的新主流语境。

换言之，只有将以空间结构、交通体系、建筑设计等为代表的城市物质要素与文化形态、产业形态、社会形态等非物质要素在规划模式中予以有机融合，才是构建新城市规划方法模式的关键。如何通过跨专业途径建立新型规划专业，成为从根本上优化传统规划体系的必由之路。

新专业主义 New Professionalism 与城市学家 Urbanist

以皇家规划师协会（RTPI）为首的英国国家规划组织，在 2004 年的英国规划年会上倡议：以城市的可持续发展为根本目标，打破传统城市规划专业的壁垒，通过改革城市规划高等教学体系和国家行业管理制度，创建以跨专业（Cross Professional）整合为途径的“新规划专业体系 New Professionalism”，探讨面向未来的新城市规划方法。以此新城市规划专业体系的建立为契机，同时培养具备复合专业背景和跨领域思考能力的“城市学家 Urbanist”（这是一个因此而发明的新名词），以适应未来城市化发展之需。

欲望的概念——格拉茨（Graz）的启发

2007年，位于奥地利的世界文化遗产城市格拉茨（Graz），在一个名为莱宁豪斯（Reininghaus）的项目发展中，因为采用了特殊的"规划方法"而引起世界关注。

为在2017年前开发完成位于格拉茨（Graz）的一块面积约129英亩（约52公顷）的土地，该项目投资商没有按照传统的做法，聘请规划、建筑设计师进行项目方案的规划和设计，而是聘请了32位市民，他们当中有记者、企业家、文学家、社会工作者、学生和建筑师等，以"城市对未来应当知道些什么What Cities Ought to Know about the Future"为命题，"生活Life"、"工作Work"、"城市性Urbanity"和"教育Education"为专题，分别对丹麦的哥本哈根（生活Life）、英国的剑桥（工作Work）、西班牙的巴塞罗那（城市性Urbanity）和英国的伦敦（教育Education）进行为期一年的考察研究，研究报告题为"欲望的概念Conceptions of the Desirable"。全书由32位市民分别按照各自的专题和观点写出，并由一位历史学家H·康拉德（格拉茨大学前校长）和一位哲学教授P·海因特尔分别撰写名为"审视将来的过去A look into the Past of the Future"和"希望与失望Hope and Despair"的专题文章作为结尾。

在这四个专题组中，"生活"组通过对哥本哈根的考察探讨城市中如何关注个性与集体性的契合，提出诸如"宗教作为智慧的形式"、"生活的知识"、"科技的价值：面对多元化"等论点和问题；"工作"组通过对剑桥的考察给出题为"失败文化"、"不平凡的生活"、"革命的孩子"等文章，探讨失败经历对企业发展的重要性，如何发挥年轻人的创造力等问题；"城市性"组以巴塞罗那为例就如何实现城市的个性、多样性和认同感，以及城市风貌的动态性等问题，发表了"理想健康"、"没有完美城市"、"没有时间缓慢"等文章；"教育"组则重点探讨和理解“教育”与“培训”的差异,发表了“原始材料的创造性”、“蓝天思考”、“情感的自然化”等文章；在结尾的总结性文章“希望与失望 Hope and Despair”部分，P·海因特尔提出：“失望可能包括人们普遍预计未来一代的生活将更加艰难……金钱和对物质的占有并不能带来预期的快乐……价值观在多样性中失去方向，人们需要一种新的精神性等。”对于“希望”，他指出：“人类的专业区隔已经到了极点。将科学分割为专门学科，把人分裂为阶级，把个人时间分裂为工作和自由等都在消解。人们不允许把‘完整性’取走……一个活生生的城市必须考虑这一点。”[①]

格拉茨的案例对于重新审视传统规划方法具有独特的实践意义和学术价值，该项目受到许多规划专家的关注和期许。他们认为，专业跨度的提高、核心要素的扩容、方法论的完整性回归将成为城市规划方法推陈出新的必由之路。作者提出的“跨专业规划模式”的指导观念与此一脉相承,并成为“新遗产城市”的核心方法模式之一。

3.4.1 模式建构——“跨专业规划模式”

3.4.1.1 文化基质

“意义”的价值

文脉研究（Contextual studies）是由建筑师与城市设计师发展出的有关设计城市形态的重要术语，侧重于对物质环境的人文特色的分析，旨在不同

① ASSET One Immobilienentwicklungs AG. Conceptions of the Desirable，What Cities Ought to Know about the Future. New York：Springer WienNewYork，2007.

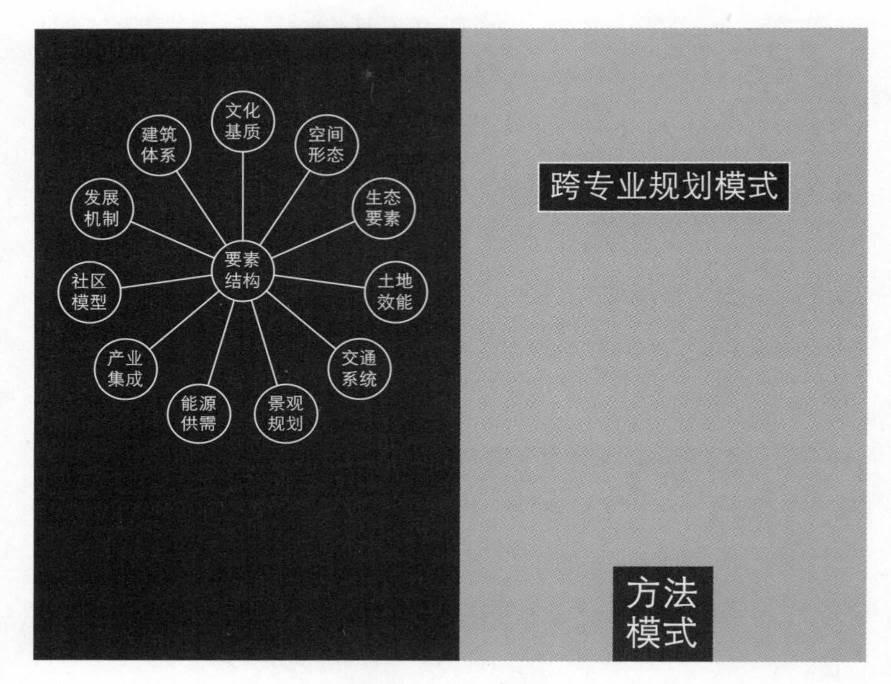

图 3-5　跨专业规划模式

的地域条件下创造有人文内涵和特殊价值的环境空间。其中，最有影响的概念是卡勒恩（Cullen）的“市镇景观”（Townscape），这一概念的建立基于人对客观事物的感觉规律可以被认知，以及这些规律可以被应用于组织市镇景观元素，从而反过来影响人的感受这两点假设被提出的。一些重要方法包括“系列视线”（Serialvision）、“场所”（Place）和“功能内容”（Content）等的解析，以及对构成城市多样性特质的肌理，如颜色、材料、质感、规模的系统控制等。

按照芒福德关于文化是形成城市这个“磁器”和“容器”的原生基质和发

展动因的理论，构成文化的元素无疑是构建“新遗产城市”的关键变量。如何解析和应用文化变量，阿摩斯·拉普卜特（Amos Rapoport）给出了有效的方法。他提出“由于文化这种观念性术语过渡抽象和宽泛，因而需要经过‘社会与文化’、‘世界观、价值观、生活方式与文化’的两条分解途径，方能将其在设计予以应用……”他还认为“‘意义’不仅仅是‘功能’的重点，而应该是一项至关重要的功能”。[①]这是对“文化效能”和分解方法的特别诠释。

全球化与地方化

2000 年 5 月在日内瓦举行的“瑞士国际政治论坛”上，联合国教科文组织总干事松浦晃一郎指出：“全球化趋势可能成为世界各民族密切联系的一个有利因素。但是不应因此导致世界文化的一体化发展，不应该由一种文化或几种文化去支配其他文化，也不应该导致文化分解或同一性重合。”此外，文化多样化的保护不能靠单纯的对历史文物的保护来实现，还必须提倡对非物质的文化遗产的保护和开发。这是对文化创造性的考验，也是活的文化的动力。

由此，城市文化的活态化和多元化成为未来城市发展的重要原则。而如何通过对技术和艺术，东方、西方和地方，古代、现代和后代这些与城市新文化基质息息相关的观念要素“运用之妙、存乎一心”的辩证统筹，将是建立城市新文化机制的关键。

希腊雅典卫城的神庙、以色列特拉维夫的包豪斯建筑群、中国开平的碉楼村落，德国鲁尔工业区的工业遗迹等经典案例证明，不同的文化类型在不同的

[①]（美国）阿莫斯·拉普卜特 A·Rapoport. 文化特性与建筑设计 . 常青，张昕，张鹏译 . 北京：中国建筑工业出版社，2004.

发展背景下，都有可能借力通过特殊的途径，完成文化基质和形态的“灵妙化”转化、超越和回归，实现其美学完整性与时代价值性，蜕变成人类共同的文化遗产。纵观这些经典的世界遗产案例可以看出，它们都成功地实现了将独特的原型文化基质（它们可以来自于宗教、政治、社会等不同范畴）转译、再造为代表地方的新文化象征，其中蕴含的方法要素和发展逻辑对新城市类型的研究具有特殊的学术意义。

3.4.1.2 生态要素

大生态伦理

生态伦理观在五千年前《老子》（第 25 章）有过阐述:“道大，天大，地大，人亦大。域中有四大,而人居其一焉”。从 19 世纪亨利·戴维·梭罗（Thoreau ·H· D）的《瓦尔登湖》，20 世纪 50 年代雷切尔 · 卡森（RacheI Carson．1962）《寂静的春天》,到 20 世纪 70 年代罗马俱乐部的《增长的极限》、戈德史密斯（Goldsmith）的《生命的蓝图》，这些前人思想均成为现代生态文明的重要启蒙。

1982 年在印度尼西亚巴厘岛召开第三届世界国家公园大会发布的《巴厘宣言》指出 :“地球是宇宙唯一能够维持生命的地方。我们的后代，从自然和生物资源中所能享受的利益，将由今天做出的决策所确定。我们可能是能够选择大型自然区域加以保护的最后一代人。”现代生态伦理学认为，生态系统是保证人类可持续生存的基础，人与自然物都是生态系统中的一部分，作为“万物之灵”的人类并不比其他万物具有优越的地位。1971 年，在《设计结合自然》（Design with Nature）中，麦克哈格（lan L．McHarg）把生态学方法首次引进城市规划，他从自然、历史、人文的角度论述了“自然演进过程”如何引导城市土地的开发与管理。[①]

此外，1993 年，由联合国及相关国际机构发起成立国际生态安全合作组织，并通过制定“生态安全评价体系”在全球推行生态安全文化和技术。“生态导向”和“生态优化”概念由美国学者霍纳蔡夫斯基（Honachefsky）分别于 1994 年和 1999 年提出，它们的出现使城市和区域规划步入由“生态优化”所强调的“保护”向利用生态来引导区域开发的“生态导向”观念变化。“精明增长 Smart Growth”模式也在此思想启示下在美国应运而生，提出“控制城市蔓延、保护农地、以生态与社会人文环境、繁荣经济，提高人民生活水平”的核心观念并推广至全世界。[②]生态设施、开放空间、区域生态廊道和网络、绿色通道、野生动物通廊、框架景观等城市规划概念也由此而产生，近年来，如“森林覆盖率”、“野花野草覆盖率”、“立体绿化率”等与生态环境品质相关的指标不断更新，使生态要素从传统的平面化向立体化，人工化向自然化、本土化转变。

自然与文化

回顾东西方艺术史可以看出，生态系统不仅提供人类生存必需的物质原料，更成为人类文化和艺术创作的原始素材和灵感来源。无论宗教、音乐、文学、绘画等任何艺术形式，几乎都与之相关，许多有形或无形的文化遗产，也就由此孕育而生。按照联合国教科文组织的规约，由山、水、动物、植物等丰富的生态要素构成的自然遗产包括地质遗产、自然美景以及关系生物多样性的生物

[①]（美国）麦克哈格．设计结合自然．茵经纬译．北京：中国建筑工业出版社，1992.

[②]（加拿大）格兰特．良好社区规划——新城市主义的理论与实践．叶齐茂，倪晓晖译．北京：中国建筑工业出版社，2010.

遗产等。这些经由大自然亿万年形成的无以复加的生态禀赋，成为人类持续发展所依存的基础资源，无疑是城市规划体系中最重要的“(新) 遗产要素”。

3.4.1.3 空间形态

多维空间要素和概念

城市空间形态是由诸多基本空间要素构成，如开放与围合的广场、线性廊道、城市“灰空间”等。空间形态研究则是从不同层面研究城市的基础几何元素，其目的是试图描述和定量化这些基本元素和它们之间的关系。由此，“形态分析”已成为城市规划中“发展管理”和“设计控制”的基本方法，而定量方法是空间形态研究中主要的分析工具。有人将城市空间形态方法大致分为三类：一是“形态分析法”(Environmental Analysis)，包括城市历史研究、市镇规划分析，建筑学的方法和空间形态研究。它依靠从二维到三维的城市地图、规划与建筑设计和城市实体研究，分析城市形态和现象以及各种专业人员在城市形态变化中的角色价值。二是“环境行为分析法”(environmental behavior studies)，人的主观意愿和行为与环境之间的互动关系是其关注的重点。三是“政治经济学分析法”，注重政治、经济要素和不同的社会组织对空间形态的特殊作用。

文化基因与空间形态

全世界最早的空间形态研究机构可能是由马奇 (March) 和马丁 (Martin) 20 世纪 50 年代在英国剑桥大学创立的“城市形态与用地研究中心”。而由伦敦大学巴利特学院的比尔 · 希列尔 (Bill Hillier)、朱利安妮 · 汉森 (Julienne

Hanson）等人发明的“空间语法”（space syntax）是城市形态研究方法中最具有代表性的。它通过对包括城市、建筑、景观等在内的人居空间结构的量化描述，来研究空间组织与人类社会之间的关系。除强调分析空间系统的几何特性，“空间句法”利用整体论与系统论方法，发现建筑与城市空间形态之间的纷繁关系中反映了人类社会认知与组织空间的方式，同时也在很大程度上吻合社会、经济和文化的空间分布，它试图从空间的角度回答了形式与功能问题，对规划方法研究起到重要的作用。[①]

通过案例研究发现，城市空间形态（造型）可以经由多种模式（原型和类型）发展而来，如传统文化习俗、自然格局以及城市功能的预制等。中国的平遥、巴西的巴西利亚和英国的莱切沃斯（Letchworth）（世界第一个花园城市），就展现了两种完全不同的城市空间形态的构建模式。平遥的城市空间形态严格按照龟甲八卦纹结构规划而成，城墙上的3000个垛口和72座堞楼则隐喻孔子周游列国旗下三千弟子和七十二贤人。巴西利亚的空间形态则以“喷气式飞机”为原型（平遥和巴西利亚详见附件案例），以及具有象征意义的公共建筑群。莱切沃斯的空间形态则根据荷华德憧憬的田园城市模式构建。

如同功能与形式在建筑学领域中的逻辑程序一样，作为城市规划要素，空间形态和土地效能之间的辩证关系也成为关注重点。在满足经济性、社会性和环境性目标的同时，如何将文化基质与空间形态进行结构性契合，构建个性分明，具有（新）文化价值的城市空间形态，平遥、巴西利亚等遗产城市采用的方法耐人寻味。

[①] 段进等．空间研究3/空间句法与城市规划．南京：东南大学出版社，2007.

3.4.1.4 土地效能

集约发展

土地在自然哲学思考中被誉为“万物之母”。城市化过程必将导致城市和郊区土地功能、开发利用模式和布局的改变。由《雅典宪章》提出城市功能用地应依据“居住、工作、游憩和交通”四大活动类型进行空间区隔的理论成为近现代城市土地利用的主要法则之一。随着私家车普及，城市半径扩大，郊区化带来的交通压力、环境污染等城市病使传统的城市土地功能利用模式受到质疑。

在可持续发展观念指导下的代际公平原理提出了“当代人的资源利用模式应该以不损及后代发展所需为前提”的著名论点。“紧凑型城市 Compact City”是在此观念影响下的一种城市发展模式。其核心观念是土地资源的紧凑集约，在减少资源的占用与浪费的同时，提高土地功能的混合使用率，以此提高城市土地综合效能。除涉及土地属性外，紧凑型城市更关注城市建成环境中的空间模式、建筑强度、功能关系等涉及土地和公共设施的利用效率、可达性等价值要素。其中，高密度居住、减少私家车依赖、明晰城乡边界和景观风貌、土地混合利用、生活多样化、社会公平和丰富多彩的城市生活等成为其主要的规划策略。[①]

据报道，中国可用作城市建设的土地总量不到国土面积的9%，到2033年中国人口将达到15亿，人均土地资源十分匮乏，总体用地状态非常严峻。如何提高土地的利用效能，为后代预留足够的空间弹性，成为城市可持续发展不

[①] (英国) 詹克斯等 . 紧缩城市——一种可持续发展的城市形态 . 周玉鹏等译 . 北京: 中国建筑工业出版社, 2004.

可回避的问题。中国香港地区在 20 世纪 70 年代，采用土地集约发展策略，把 40% 的土地规划为郊野公园及绿化地区，将保护生态环境、保持生物多样性与预留土地发展弹性一体化整合的策略颇有借鉴意义。[①]

3.4.1.5 交通系统

可持续交通

由于交通体系同城市的布局形式、功能分区、土地利用和道路系统等有密不可分的关联性，它既是城市总体规划的组成部分，又是制订城市规划布局方案的依据。因此，城市规划理论史的发展和概念的创立一直以来就和交通方式的变迁紧密相关。

以规避汽车交通对居民区和儿童出行的负面影响为目的的“邻里单位”的规划思想由美国城市规划师佩里（Perry）在纽约提出。这种“扩大街坊”的空间形式成为城市居住区规划和设计的经典原则之一。而 1945 年由哈里斯(Harris)和乌尔曼（Ulman）提出的城市多核心理论模式认为：“城市核心的分化和城市地域的分异是在区位、可达性、集聚、分异和地价等因素综合作用下形成的……作为市内交通焦点中心的商业区并非居于城市几何中心；靠近市中心是批发和轻工业区；重工业区布置在市区边缘；工人住宅区通常分布于市中心周围；而中、高级住宅区则布置于环境较好的城市另一侧。”城市的综合运转效能与城市功能和交通模式互为因果。[②]

[①]（中国香港）扬家明 . 郊野三十年 . 中国香港：土地图书有限公司，2007.

[②]马强 . 走向“精明增长”：从“小汽车城市”到“公共交通城市”. 北京：中国建筑工业出版社，2007.

在城市形态与公共交通关系方面，1989年纽曼（Newman）和肯沃斯（Kenworthy）通过对全球32个城市交通系统与城市密度的关系进行分析后认为，高密度城市与对公共交通依赖性之间存在着很高程度的相关关系。此后，一些学者开始对交通系统与土地利用协调发展开展了研究。1996年以布拉克（Black）为首的机构提出“可持续交通”的原则，他们认为由于城市交通的拥堵和土地蔓延消耗将对后代的生存需求造成危害而是一种非可持续的交通系统，因此，具有预见性的合理土地利用和交通系统是城市持续发展的重要因素。

在诸多规划要素中，土地利用一直是影响交通模式最重要的要素之一。大量事实证明，土地功能混合的社区模式是减少通勤距离和时间，降低城市噪声、环境污染和交通事故这一系列常见城市弊端的根本方法。[①]

广义交通规划

近年来，许多新的交通规划观念和策略在西方各国应运而生，推动交通规划体系的完善和提高，交通政策与管理、交通模式与环境评价、交通服务与本地就业、交通设施与地方文化、城市服务与网络交通等已经纳入城市交通规划体系。英国在经过多年的比较研究后发现，城市路网的扩容也将“诱导”民众的“非理性”出行需求，从而直接增加交通压力。由此，专家们提出：交通规划的目的应该以引导民众更理性的出行，而非简单满足其出行需求为目的。这和传统的交通规划目标具有明显的不同。此外，如何利用“网络交通和服务政策”，有效降低城市居民日常购物出行；在不影响通行效能的前提下，最大化减少交通用地比例等也成为更新的交通规划观念和策略得以应用。

[①] 丁成日．城市增长与对策—国际视角与中国发展．北京：高等教育出版社，2009.

交通体系的美学性在法国巴黎、西班牙马德里、德国汉诺威等城市得到重视，他们对地铁站、公交汽车站等交通工具和场所进行特别设计，使传统的交通设施成为具有地方美学价值的城市人文景观。

可以看出，与传统交通模式相比，新型的城市交通在规划目标、设计要素和执行策略等方面采用了更广义的观念模式，成为影响城市土地利用、就业模式、地方文化、环境保护等其他城市要素的重要手段。

3.4.1.6　建筑体系

建筑与城市

从某种意义上说，一部建筑史就是一部人类史和城市史的浓缩版。几千年的建筑发展历程，世界各地出现了许多具有历史意义和艺术价值的经典建筑，东西方风格各异的古典和现代建筑成为展现地方文化的重要载体，反映了不同时代背景下各民族经济、文化、社会和技术状态。中国北京的故宫、日本京都的金阁寺、俄罗斯莫斯科的克里姆林宫、德国科隆的科隆教堂等，由于具有的独特价值而被评为世界文化遗产，成为所在国家、地区和城市的人文象征。

功能与形式

耐人寻味的是，近现代西方建筑在审美观念上发生了从古典建筑的形式美学到现代建筑的技术美学的变化，随着城市化进程不断推陈出新，建筑美学导致的对建筑和城市的深层次的思考推动了城市规划理论的不断演进。 在“形式与功能关系”这个重要命题上，不同学说流派表达了不同的观念诠释和审美取向，也导致了近现代建筑形式、城市风貌的多样化。

现代主义和后现代主义成为 20 世纪西方设计领域最有影响力的两大流派。功能主义优先是现代主义设计思想的基础，他们推崇“形式遵循功能（Forms Follow Function）”这一观念。德国现代主义设计大师 D · 拉姆斯（Dieter Rams）认为，现代主义设计的基本原则应该是“简单优于复杂，平淡优于鲜艳夺目；单一色调优于五光十色；经久耐用优于追赶时髦，理性结构优于盲从时尚。”“理性主义、功能主义、极简主义、反装饰化”[①]，“少就是多”等成为现代主义的重要设计观念，被彼得 · 贝伦斯（Peter Behrens）、瓦尔特 · 格罗皮乌斯（Walter Gropius）、路德维希·密斯·凡德罗（Ludwig Mies van der Rohe）、弗兰克·劳埃德·赖特（Frank Lloyd Wright）以及勒 · 柯布西耶（Le Corbusier）等现代主义大师奉为设计理论依据，从赖特的“流水别墅”到柯布西耶的萨沃伊别墅以及密斯的巴塞罗那德国馆，都成为现代主义设计的代表之作。

与现代主义提倡的理性主义、现实主义及功能的合理性与逻辑性不同，后现代主义认为，物质文明发达之后，产品功能的美学价值和文化内涵成为人们新的需求，于是提出形式的“多元化、模糊化、不规则化”等设计观念；强调对历史文脉、人本主义等的关注，认为美是“功能与形式和谐统一后人的意志的自由表现”。

大量事实说明，无论是现代主义提倡功能优先的“形式遵循功能”法则，还是后现代主义提倡的“形式的模糊化和多元化”思想，在它们的指引下，世界各地的设计师都创造出了不同类型的“世界遗产之作”。如由格罗皮乌斯设计，成立于 1919 年的包豪斯（Buahus）学校，在 1996 在被评为世界文化遗产，它的成立也成了现代主义设计发展的重要标志。受此影响，以色列的特拉维夫

[①] 王受之 . 世界现代建筑史 . 北京：中国建筑工业出版社，1999.

建造的4000多栋包豪斯现代主义建筑，在建成后不到50年的时间，被评为世界文化遗产城市。而在1910年由西班牙建筑家安东尼·高迪（Antoni Gaudí Cornet）设计并建成的“米拉”公寓（新艺术运动风格）；由丹麦设计师约翰·伍重（John Utzon）设计的澳大利亚悉尼歌剧院（有机功能主义）都因独特的设计观念和造型分别在1984年和2007年被评为世界文化遗产。

“广义建筑学”

建筑学和城市规划的深层次关系通过1999年的《北京宪章》中提出的“广义建筑学”得到强调，“广义建筑学”揭示了未来建筑学与城市发展之间关联的复杂性和重要性。《北京宪章》指出：“广义建筑学，就其学科内涵来说，是通过城市设计的核心作用，从观念上和理论基础上把建筑、地景和城市规划学科的精髓整合为一体，将我们关注的焦点从建筑单体、结构最终转换到建筑环境上来……”此外，“……新的建筑学将驾驭远比当今单体建筑物更加综合的范围，我们将逐步地把单个的技术进步结合到更为宽广、更为深远有机的整体设计概念中去。”[①]

“新地域主义建筑”

地方性意识的回归已经成为近年世界建筑思潮的关键词之一。早在19世纪，彼得·科林斯（Peter Collins）就说过“最难以理解和影响深远的现象之一就是对一种新建筑的迫切和普遍需要”。在全球化和城市化两大发展趋势推动下，如何保持地方文脉延续性，将建筑的地方美学性和经济功能性予以统筹，成为新

[①] 奚传绩．中外设计艺术论著．上海：上海人民美术出版社，2008.

建筑设计体系的重要课题。作者认为，整合地方生活习俗、气候要素、空间类型和原生材料等要素，具有本土风貌和功能性的“新地域主义”文化建筑应该是“新遗产城市”的基本特征之一。按照同济大学阮仪三教授的话说：“人们虽然不能够确切被告知在未来的某年会出现什么样的城市和建筑，但是，一种新的、本土化的建筑文化影响将会越来越大，并成为中国城市和建筑文化发展的一个新高潮。”[①]

3.4.1.7　景观风貌

城市公园运动

19 世纪 60 年代，被誉为美国景观之父的弗雷德里克·劳·奥姆斯特德（F．L．OImsted）为代表的景观设计师率先在美国开创了把自然景观与城市规划结合的先机，他认为：足够的呼吸空间对市民的日常生活至关重要，以城市自然脉络为依托，将城市公园进行有机关联应该成为城市绿地系统规划的主要原则。奥姆斯特德分别在纽约规划设计的中央公园（Central Park），在波士顿滨河走廊规划的带状城市公园（Park System）等，成为推动美国“城市公园运动（The City Park Movement）”的历史性契机。[②]

奥姆斯特德的理论和实践更对美国乃至世界各国的城市规划观念产生了极大影响，华盛顿、西雅图等城市在此影响下先后规划设计了以自然形态系统为先导的城市公园体系。位于纽约曼哈顿的中央公园（Central Park）就深深地启

[①] 阮仪三．城市遗产保护论．上海：上海科学技术出版社，2005.

[②] 石崧．以城市绿地系统为先导的城市空间结构研究．武汉：华中师范大学，2002.

发了当年游历美国的英格兰人霍华德，成为他的“田园城市（Garden City）”模型中倡导的把自然风景与城镇空间契合的灵感来源。

“风景园林”早在1960年美国哈佛大学首次开设“城市设计”课程中就与“建筑学”和“城市规划”作为培养城市规划专业人才的三大核心课程。著名城市学专家凯文·林奇（Kevin Lynch）也认为，应该以建筑师、风景园林师以及城市规划师构建城市设计专业体系，这也反映了风景园林在城市设计中举足轻重的地位。伊恩·伦诺克斯·麦克哈格（lan L. McHarg）的《设计结合自然》(Design with Nature)、约翰·奥姆斯比·西蒙兹（John Ormsbee Simonds）的《大地景观》及加勒特·埃克博（Garrett Eckbo）和《城市景观设计》等历史上著名的风景规划理论，对城市规划和设计均产生举足轻重的影响。1971年，在《设计结合自然》中麦克哈格（1an. LMcHarg）首次将环境问题从自然、历史、人文的角度进行探讨，描述了土地开发如何顺应自然生长过程，他认为：“大城市地区内保留作为开放空间的土地应按土地的自然演进过程来选择，即该土地应是内在地适合于“绿”的用途的：这就是大城市地区内自然的位置。而如果将这两种系统结合在一起的话，就可以为全体居民提供满意的开放空间。”[①]

在西蒙兹1978年完成的《大地景观》(Earthscape）一书中，他对生态要素的分析方法，环境保护、生活环境质量提高，乃至于生态美学的内涵等重要课题进行了详细论述，把生态景观研究推向了研究人类居住空间与视觉总体的高度。[②]

① （美国）麦克哈格（lan L. McHarg）. 设计结合自然 . 茵经纬译 . 北京：中国建筑工业出版社，1992.
② （美国）约翰·O·西蒙兹 . 大地景观：环境规划指南 . 程里尧译 . 北京：中国建筑工业出版社，1990.

风景园林的民族性和文化性

通过发现和发扬具有本土价值的自然生态美学价值，是园林风景规划和设计的首要指导原则之一。自古以来，“智者乐水，仁者乐山”就成为中国人寄情于山水的生动写照，而来源于道家智慧的“道法自然”成为中国园林营造的不二法门，指导着工匠们善用原生山水之美，追求一种“虽由人作，宛自天开”的意境。中国人独有的园林模式在苏州古典园林中便可见一斑，网师园、寄畅园等以其独特的山水美学观和造园模式而获得“世界遗产”殊荣。法国巴黎凡尔赛宫的古典主义园林，西班牙阿尔罕布拉宫的伊斯兰园林，英国伦敦的皇家植物园等，也因为其浓郁的人文内涵和风貌特色成为世界文化遗产。如何将生态安全性和生态文化性结合，强调民族文化和地域美学，应该成为园林风景规划设计的基本原则，这是“新遗产城市”中不可或缺的规划要素。

3.4.1.8 能源供需

能源危机与城市代谢理论

有人把城市能源分为广义和狭义两种形式，广义能源指城市消费的所有能源，包括工业用能；狭义指直接和城市居民生活有关的能源，主要包括衣食住行所需能源，炊事燃具所需的能源以及建筑物内采暖和空调所需的能源。如果把城市作为一个有机体，可以说能源就是维持城市生产和生活正常运行的“血液”和“命脉”。

在 20 世纪 70 年代之前，人们普遍认为能源的供应是取之不尽的，从而导致城市、经济等发展模式的不可持续性。20 世纪 70 年代的全球性石油危机，使人们深刻认识到以依赖传统化石能源为主的发展观念和模式的错误，引发人们对城市能源以及资源供需模式的深度思考，著名的“城市代谢”理论也应运而生。美国水处理专家沃尔曼·艾伯（Wolman Abel）早在1965年提出“城市代谢”概念。他认为“城市的代谢需求可以被界定为维持城市居民生活、工作、娱乐的物质需求。但是由于废弃物和噪声等的存在，代谢循环并不是完整的。”该理论的出现推动了城市资源的可持续利用策略的发展。

减少利用（Reduce）、再利用（Reuse）和循环利用（Recycle）

20世纪80年代以来，北美国家利用城市能源模型、物流分析方法等对城市物质代谢和近十种元素在美国的流动状况等进行了一系列的研究。如何在提高城市综合效能的同时，有效通过3R策略，即减少利用（Reduce）、再利用（Reuse）和循环利用（Recycle）来最大化减少对自然资源的消耗和废弃物的产生，成为城市代谢理论的重要实践策略。其中，能源循环策略成为城市代谢的核心，包括如何将城市能源的供需体系与产业结构、使用成本、运输效能和用地模式等方面的综合统筹；如何建立风能、水能、太阳能、地热和生物质能等可再生能源可持续生产、运输、利用和回收的循环机制等。

据中国工程院院士黄其励的预想，到2050年，中国的可再生能源将替代煤炭和油气，有望满足全国43%的能源需求。这个令人憧憬的目标被他概括为可再生能源发展路线图，即可再生能源将逐步由补充能源提升为替代能源、主流能源乃至主导能源之一。

古典智慧和被动式设计

许多经典的古代案例证明，通过结合地方特点的被动式设计，可以有效利用自然气候条件，在城市和建筑设计中将阳光、气流、植物等自然要素转化为可再生、可循环利用的能源要素。在古罗马和古希腊时期大量的庭院设计中，通过因地制宜的设计方法，创造出四季宜人的建筑和庭院系统，展现了在非科技手段条件下，如何在低成本条件下利用可再生能源设计出高舒适度，并具有高美学价值的庭院空间。

《庭院与气候》的作者奇普·沙利文（Chip Sullivan）是一个致力于将节能与美学结合的景观设计师，在研究了大量古典园林案例及其丰富的被动式设计模式，如冬季的热座椅、阳光台地、暖房，夏季的凉爽步道、凉亭等之后，使他认识到古典园林的表达方式“不仅局限于美和次序，它们同样拥有巧妙的被动式设计以调节气候和微气候”。按照奇普·沙利文的说法，“气候愈为恶劣，创造舒适环境的方法就愈为巧妙。”他由此创造了 90 余种节能型园林范例并广泛应用在设计实践中。[①]

人口膨胀和城市化等导致的能源危机将愈发严峻，丰富朴实的古典智慧值得我们不断回顾和学习。借鉴东西方古典园林“玄学、被动式设计和艺术三者微妙而又彻底的结合……”的设计思想，采用低成本、低科技和高美学价值的设计策略，在建筑、园林、空间、产业规划和设计等范畴，将能源集约性与地方美学性和空间舒适性等结合，在科学和艺术双重语境下探索“新遗产城市”的能源集约利用范式是十分必要的。

3.4.1.9　产业集成

循环经济与循环产业

城市经济活动和产业构成是决定城市发展的最重要因素之一。一般情况下，

[①]（美国）奇普·沙利文（Chip Sullivan）. 庭院与气候 . 沈浮，王志姗译 . 北京：中国建筑工业出版社，2005.

城市产业可以分为基础产业和服务产业两大类型。其中，基础产业是城市发展的关键，它的良好发展才能够促进城市经济的整体发展。而城市类型的变迁往往和同时代的经济和产业发展息息相关，产业的发展模式往往决定了城市发展方向、空间格局、功能结构等。如同工业城市是大工业生产的产物，城市空间和功能按照高度集约化模式规划，随着产业规模和产业链扩容，派生出系列城市功能，如研发、商业、物流、教育等。

以可持续发展为根本宗旨的循环经济是伴随着人类思想的不断发展而形成的。由美国经济学家肯尼斯·鲍尔丁（Kenneth Boulding）于20世纪60年代提出的“宇宙飞船经济”（Spaceship Economy）理论是循环经济最早的思想启蒙。随后，“零增长”观念在20世纪70年代由著名的罗马俱乐部在其发表的《增长的极限》报告中首次提出，使资源禀赋和城市发展的关系得到关注；20世纪90年代由联合国发起的世界首脑环境发展大会发表的《里约宣言》和《21世纪议程》更使可持续发展观念得到强化；清洁生产在2002年的世界环境发展大会上被确定，并产生了具体的行动计划。“绿色经济”概念于1989年由英国环境经济学家戴维·皮尔斯等在其著作《绿色经济的蓝图》中首次提出，他将绿色经济等同为可持续发展经济，并从环境经济角度深入探讨了实现可持续发展的途径。1990年，戴维·皮尔斯和凯利·特纳根据波尔丁的循环经济思想，第一个正式以“循环经济”命名的循环经济理论模型建立。“经济系统”与“生态系统”第一次共同组成了“生态经济大系统”。[①] 自此，循环经济成为影响全球的重要新经济模式，把传统的经济发展模式推进到了一个新的发展阶段。

[①] 徐嵩龄．为循环经济定位：产业经济研究．2004（6）：13.

按照一般的定义，循环经济是以人类可持续发展为增长目的、以循环利用的资源和环境为物质基础，充分满足人类物质财富需求，生产者、消费者和分解者高效协调的经济形态。[①]循环经济本质上是一种生态经济，它利用生态学规律替代之前的机械论规律来指导人类的经济活动，通过不断提高经济活动过程中资源利用效率组建出“资源－产品－再生资源”的循环经济基本流程，减低采伐、高效利用、降低排放等成为循环经济的重要特征。

城市作为人口和资源最集中的区域，如何遵循循环经济和循环产业的倡导的减少利用、再利用和循环利用三大原则，使城市发展和资源利用和谐统一，显然已成为城市可持续发展的基本前提。

第三产业与城市复兴

世界多个城市证明，第三产业在现代化城市发展中将占据愈发重要的作用。西班牙的毕尔巴鄂（Bilbao）以古根海姆博物馆建设为契机，带动以艺术、文化和旅游发展为主导的第三产业的振兴，每年为该市带来了400万左右的旅游人口，直接门票收入占全市年度收入的4%，联动其他收入则占到20%以上。而以古根海姆博物馆为代表的内维隆河沿岸滨水区成为毕尔巴鄂新的城市风貌区。法国巴黎著名的塞纳河西勒桥和耶纳桥之间的河道两岸市区，因为两岸多样的文化、艺术旅游设施，在1991被联合国教科文组织评为世界文化遗产。此外，英国伦敦的泰晤士河南岸改造计划也证明，以泰特现代美术馆（Tate Modern）、伦敦眼（London Eye）、莎士比亚戏剧博物馆等组成的集创意设计、休闲旅游、生态居住为主体综合功能区域，为近500个当地居民和7000名学生提供了就业

[①] 杨雪锋等．循环经济学概论．北京：首都经济贸易大学出版社，2009.

机会，第三产业的规划为振兴伦敦南岸经济、改善城市形象提供了出路和平台。从全球范围看，以文化创意产业为代表的第三产业是城市再发展的重要驱动力已成为不争的事实。

“第四产业”和新城市要素

在新产业类型研究中，不断出现的新观念成为城市规划理论推陈出新的特殊风景线。由匈牙利人尤纳·弗莱德曼（Yona Friedman）1978年提出的“第四产业”概念就是其中之一。在他看来，所谓“第四产业”（Quaternary Sector）是指“社会必要劳动”成果没有被计入国民生产总值（GNP）的产业类型。“第四产业”群体由“非活跃”的群体如家庭主妇、自助工匠、周日艺人等构成。他们被分为日常工作群体（如家庭主妇）和周末工作群体（其他群体）两大类。调查发现，和发达国家不同的是，谋生（而非休闲）是第三世界国家“第四产业”群体的根本动机。[①]由于传统三大产业的失业率提高等原因，这一产业群体规模越来越大。据悉，在许多发展中国家，“第四产业”的存在和增长对国家经济、产业结构、城市空间、社区管理以及教育等产生“决定性影响”，成为政府当局日益重视的社会和经济现象。

因此，如何通过对“第四产业”这一特殊现象在经济、社会等范畴多维度的合法性和合理性展开学术研讨，以提升城市的社会和谐度、产业活力度，将成为“新城市类型”产业模式研究中一项特殊课题。

[①] （匈牙利）尤纳·弗莱德曼（Yona Friedman）. 为家园辩护 . 秦屹，龚彦译 . 上海：上海锦绣文章出版社，2007.

3.4.1.10 社区模型

社区、社会与城市

“社区”与“社会”在西方经典社会学理论是两个具有关联性的重要词汇。社区形成的基础是成员之间具有共同的意愿和价值观，血缘、邻里和朋友关系是社区成员之间合作的主要纽带，传统习俗等民间文化是成员行为约束的基本依据。社会则是以个体性的目的、利益为形成基础，社会成员之间的契约、交易等关系是经由法律为依托予以维护的。

“社区”一词来自德文 Gemeinschaft，在 20 世纪 20 年代由燕京大学在翻译美国芝加哥学派创始人罗伯特·E·帕克（Robert Ezra Park）社会学文献时由英文 Community 转译而来。在城市范畴内，社区是其最基础的社会组织实体，它指以地区为范围，人们在地缘基础上结成的互助合作的群体，用以区别在血缘基础上形成的互助合作的亲属群体。[①]多样化的社区组织就如同一个个微型细胞，它们是在一定社会、历史条件下，城市地域范围的人口群体，依循一定的风俗、习惯、制度、规范，从事政治、经济、文化等社会活动，结成一定的社会关系，组成具有特定价值观、组织制度和发展机制的相对独立的社会性组织。社区的形态、要素、运行机制对城市的构成、特征、发展态势具有至关重要的影响。

可持续社区思想（Sustainable Community）

由于人类不可持续的生产和生活方式导致的城市生态危机使越来越多的力量关注可持续性问题。人类生存、生产和生活方式将不可避免地面临重新定

[①] 谢守红．城市社区发展与社区规划．北京：中国物资出版社，2008.

义。以可持续发展为核心思想的新型社区规划理论和实践探索在世界各地此起彼伏。

美国的“新城市主义”(New Urbanism)是近年来影响广泛的城市规划理论之一。美国新城市主义协会(Congress for New Urbanism，简称CNU)在1993年召开了第一次会议，并在1996年的第四次大会上通过了《新城市主义宪章》。《新城市主义宪章》在地区、邻里、街区三种空间尺度下规定了27项具有针对性的规划设计策略，其中包括区域规划和生态可持续发展，郊区设计理论和实践以及旧城改造原则等。清晰的边界可以创造社区的领域感和归属感；适中的规模和有特色的社区中心可增强社区识别性；多功能混合可以创造有活力的社区文化；公交导向和尺度宜人的道路系统；以及公众参与等成为新都市主义倡导的社区规划策略。[①]20世纪80年代末起，在美国佛罗里达州的“滨海社区”(Sea Side)，洛杉矶旧城中心改造等众多项目中均以新城市主义思想为指导，建设了多个具有新城市主义特征的可持续社区。

1998年，受英国政府委托，由理查·罗杰斯(Richard Rogers)为核心的城市战略研究机构UTF(Urban Task Force)展开一项以“完善社会结构，关注可持续发展和迎接信息时代”为目标的城市发展模式研究，通过“欧美大陆精明增长比较”、“规划可持续社区”和“发展数码社区”三大课题的探讨，提出了名为“城市乡村”(Urban Village)的社区规划模式和规划策略体系，其中，“混合利用”、“社会多元化”、“社区吸引力”、“社区产业和就业”、“步行和公交出行”、“节能建筑”和“环境友好”等成为重要内涵[②]。在英国政府的支持下，“城市乡村”

[①] (加拿大)格兰特.良好社区规划——新城市主义的理论与实践.叶齐茂，倪晓晖译.北京：中国建筑工业出版社，2010.

[②] Peter Neal. Urban Village and the Making of Communities. Spon Press. London and New York，2003.

模式在英国伦敦的“格林尼治千禧村”（Greenwich Millennium Village）等城市改造项目中进行实践。

生态村运动

在民间组织、学术团体在政府的支持下，世界各地出现了不同类型的生态村落和组织，它们成为推动可持续社区建设最重要的一股力量。有人把生态村定义为“以人类为尺度，把人类活动结合到不损坏自然环境为特色的居住地中，支持健康地开发利用资源及能持续发展到未知的未来”。据调查，目前世界已有不同类型的生态村 370 多个。无论是发展中国家还是发达国家，无论在农村地区、城市郊区还是城市地区，如何降低资源消耗、发展地方农业、创建村镇产业链、兴办地方教育体系和推广生态村文化等，成为生态村组织共同追寻的目标。在美国北卡罗来纳州阿什维尔外的山区，有一个由 60 个人组成的农村生态村里，采用本地材料修建房屋，循环使用天然山泉和雨水，采用太阳光电电池和微型水力发电机供电等；在丹麦的 Munk Sogard 郊区生态村（丹麦最大的生态建筑项目之一），通过一个附近 24 公顷的有机农田为 100 个家庭提供农产品。

创建于 1958 年，位于斯里兰卡的 Sarvodaya Shramadana 乡村组织，经过 50 余年的发展，社区总数达到 1.5 万个村庄，超过斯里兰卡 2.4 万个村落的一半。其创办者为社会学博士、佛教徒。他们采用“自给自足”的经济模式，“无穷无富”的社会结构，以自行提出的“干净和美丽的生存环境；足够清洁的水资源；基本的衣物；平衡的营养；简朴实用房屋；基本保健设施；简单交流设备；基本能源需要；良好持续教育；文化和精神物质”十大人类基本需求成为其社区发展纲领。[①]于是，在满足基本的物质条件外，非物质的精神性需求成为其重要的内涵并得到实施。Sarvodaya Shramadana 成为 2002 年联合国健康组织（WHO）“如何利用宗教建设可持续社区”课题研究的重要例证，其社区发展观念得到广泛认同和推广。

在官方和非官方组织的协同下，可持续社区在世界范围内广泛开展。一个名为再地方化（Relocalization）的网络组织从 2003 年开始协助 12 个国家的 148 个地方团体，旨在为各地建设更多的可持续社区提供支持。

如何在以社区为基本单元，借鉴可持续社区运动中朴素的生存、生产和生活价值观念、发展策略，从微观到中观和宏观，发展出因地制宜、自成体系、生态友好的可持续社区模型理应是新型城市类型研究中至关重要的。

3.4.1.11 发展机制

发展机制与城市开发

城市的发展是一个系统演化的动态过程，实现城市整体持续协调发展是城市规划的核心宗旨，而有效的城市发展机制正是城市实现其持续发展目标的重要途径。简单而言，城市发展机制是一套从目标定位到执行策略的完善体系，包括从城市发展的基本目标、关键要素、协作主体、执行策略、管制流程等相关内容。发展机制重在研讨城市发展全过程的内在机制、驱动城市发展的内在经济、社会和文化要素及其优先发展原则。其中，如何保持一个

[①] Bright，C and Flavin. 2003 世界状态报告“如何利用宗教来建设可持续发展世界”. 世界健康组织（WHO），2002.

弹性和动态的城市规划决策系统，是评价城市发展机制是否具有前瞻性和科学性的重要依据。

拉德芳斯的启迪

巴黎拉德芳斯新区历经半个世纪的发展，为城市发展机制的课题研究提供了不可多得的经验。其中，政府的角色定位成为发展机制建立和运用的关键。巴黎政府始终采选了市场主导的发展战略，政府将自己的作用定位为市场化运作创造条件，使企业能够根据自身的利益需求和活动能力，在市场原则的约束下理性地参与城市发展。

巴黎政府早在 1958 年拉德芳斯发展之初便组建半官方的 EPAD（拉德芳斯区域开发公司），签订了为期 30 年、价值 30 亿法郎的合同，以开发巴黎西端 750 公顷的土地（即拉德芳斯地区），该公司由 18 名委员组成，他们的核心职责是进行土地运作：对整个区块作以前期规划，发展基础设施，然后将熟地出售给开发商进行综合开发。这种政府和民间组织等多元主体的长期合作模式，兼具了市场性和计划性双重制导的交叉优势，使其对市场与政府双重利益都能予以兼顾，既有效减少了官僚作风，又避免了企业短期的逐利行为。在此基础上，他们在开发政策、土地利用、交通体系、投资模式、规划和设计、招商方式和区域营销等方面创造性地采用了大量灵活、有效的特殊策略，引导和保障项目的开发运行。

“地上权”概念的使用就是其中的创新策略。鉴于地下空间的巨大作用及巴黎特殊的城市性质，EPAD 所出售的土地权益被界定为土地的地上部分，即“地上权”，而地下空间的所有权依然留归国有。“地上权”的最大特点是既保证了建筑物的所有权，又保持了土地的发展空间。拉德芳斯新城中“地上权”概念的导入，除了有效降低了土地成本，更为政府未来发展留出足够的发展弹性。

此外，提高土地开发强度和保持必要的发展弹性，将直接和间接提高土地效能，保证新镇长、中、短期效益最大化；对土地所有权、项目开发权、项目经营权等予以灵活创新，激发多种利益团体的持续参与热情，是实现多赢结局的重要前提。在拉德芳斯的城市规划和设计策略则引进具有创新观念的规划、建筑、环境设计师和当代艺术家群体，建构了拉德芳斯与巴黎老城区和谐共生的经典格局；分区与分期策略和政府的扶持政策使城市空间和功能保持了相对的完整性和示范性，并在经历了石油危机、投资危机等多次困境后安然重生；区域营销策略通过不间断的高品质和高品位活动计划，为拉德芳斯赢得了新时尚区（连续举办国际博览和大规模当代艺术活动）、新商务区（号称“欧洲的CBD”）和新居住区（建有巴黎最大的生态公园）的品牌效应而令世人瞩目。[①]

拉德芳斯的成功在很大程度上得益于其战略和战术并重，政府与民间合作，科学与艺术共生，历史与现代和谐的综合发展机制。其中，通过对土地、政策和民间资源的统筹发现和有效利用将城市资产和资本价值最大化，并最终赢得与众不同的城市资信度等都成为世界各国学习的经验。

城市规划作为一项复杂的系统工程，涉及的系统要素远远超出传统专业的控制范围，不同的文化、地理、经济和社会背景下，又具有完全不同甚至相反的发展动机和规划原则，难以寻求一个唯一并且合理的答案。作者希望以跨专业的视野，通过对以上 11 个专业领域的结构性整理和近年规划领域出现的部分新思潮的粗略回顾，建立一种具有跨专业特征的规划模式雏形，这将十分有助于“新城市类型”的研究。

[①] 张捷．新城规划与建设概论．天津：天津大学出版社，2009.

3.5 设计模式

设计：即“以假定之观念及思维先行处理后，透过某种表述方法，订定其拟施行之策略”，通常指有目标和计划的创作行为、活动，在艺术、建筑、工程及产品开发等领域起着重要的作用。最简单的关于设计的定义就是一种“有目的的创作行为”。

设计的理性与感性

一般来讲，设计方法论是指设计行为、设计过程和设计中认知活动的分析和模型建构，它重点关注设计过程中的创新思维、创新模式以及如何通过有效手段协助设计创新的实现途径等。

理性与感性的交织成为设计过程中最重要的行为特征定义。一方面，科学性思维和逻辑推理使设计学带有明显的理性特征。同时，设计创作中常常表现出的涉及个人价值观和情感要素等不可言喻的创作因素，具有非理性（或称之为感性）特征，这成为设计方法研究中最耐人寻味和难以认知的部分。

从大量的设计作品和设计师的创作过程可以看出，无论是否谈论理性与非理性，设计师都会在同一作品和设计过程中不自觉地呈现出理性或者非理性（感性）的思维特性，感性和理性两种思维特征以相互交织共融的状态呈现。透过这些现象的观摩，作者认为理性和非理性（感性）思维或创造方式理应是人类思维模式（共同体）的不同方面，绝对的理性和非理性（感性）都是难以独立存在和起作用的，如果简单地以理性或感性去认知和定义设计思维模式可能是有失偏颇的。

在 20 世纪初，理性主义成为人们发展新的审美观念和方法的重要启迪，为人们解析事物提供了一种颇具深度的阐释。尤其是在20世纪70代前后，罗西、格拉西等人透过类型学说对新理性主义的建立，给城市和建筑领域带来更多的方法论支持。但与此同时，福柯和德里达等学者对理性、对主体的质疑，以及他们对差异、对非理性的思考，使传统的机械理性思维和非理性思维都进入一个新的发展时期，这些成为作者对设计方法思考研究的重要理论基础。

罗西曾经说过："设计业属于理性范畴，通过简化原始的方式达致无法表达的程度……建筑家们都与过去的思想家们有着直接的关联。他们在艺术和科学中寻求事实和真理——技术与美的唯一根据。"对于不同建筑师采取的不同方式的理解，他认为："我总是对词义和句义意思艺术的转变而深感兴趣。希腊人把这种转变称为比喻，而昆体良在他的《转义》中把转义概括为最美丽的东西。"他十分推崇帕拉迪奥将建筑元素进行功能转换，再通过简单的方式将其固有的内涵转换成新的内涵，从而扩展其建筑基础的方式。他认为："这种转变，并不是一种精神建构，而是对人类生存历史的反应……"[①]

在阿摩思·拉普卜特看来，设计就如同一种选择模式，这种探索性模式适用于所有的设计类型，无论学生在工作室或设计师在事务所的设计。他认为仅仅以个人喜好的主观判断成为设计的主要依据未免不足和令人遗憾。设计应该充分将"做什么"、"为什么"作为首要关键点，其次才是"怎么做"。多样化的设计差异则是由于"选择的项目、有选择权的人、历时几何、淘汰选项的标准、人们追求的理想模式以及应用标准的规则"的不同。他还认为，这种设计模式的构建和发展，与文化具有千丝万缕的关系。[②]

[①] （意大利）贾尼·布拉菲瑞．奥尔多·罗西．王莹译．沈阳：辽宁科学技术出版社，2005.

[②] （美国）阿莫斯·拉普卜特 A·Rapoport. 文化特性与建筑设计．常青，张昕，张鹏译．北京：中国建筑工业出版社，2004.

兴起于20世纪60年代的“设计方法运动”导致了“设计科学”（Design Science）的诞生。其著名学者赫伯特·西蒙（Herbert Simon）认为设计科学是一门关于设计过程和设计思维的知识性、分析性、经验性、形式化和学术性的理论体系。通过系统化的设计问题求解，以评价设计问题（Problem Domain）和设计解（Solution Domain）为核心是他们试图建立的设计学方法体系。

凯文·林奇对城市设计的理解从另一个角度透视设计概念的涵义。他认为“城市设计是一个过程、原型、准则、动机、控制的综合，并试图用广泛的、可变的步骤达到具体的、详细的目标”。[①]

值得一提的是，日本著名的建筑师黑川纪章在其论述中提出一种与西方理性中心主义不同的“异质文化共生”思想，其中将“感性与理性的纳入共生状态，在提倡多样性的同时，从现代建筑继承和发扬具有普遍价值的抽象性本身”成为其重要的设计理论要点。[②]

3.5.1 模式建构——“新人性设计模式”

感性、理性与人性

选择模式、设计科学、共生思想等学术概念启发了作者重新考量设计动机、背景解析、个人偏好、评价要素、动态变量等方法要素的内涵，试图通过梳理它们在设计思维中的逻辑关系来重新透视将理性思维与感性思维融会贯通的设计思考模式。

[①]（美国）凯文·林奇．城市形态．林庆怡等译．北京：华夏出版社，2001.

[②]（日本）黑川纪章．新共生思想．覃力等译．北京：中国建筑工业出版社，2009.

由此，遴选出以动机为核心要素，观念、概念、原则、要素、策略、标准和变量等为基本要素的设计方法要素系统。一般情况下，设计思维和创作流程以动机设计为起点，依次展开观念设计、要素设计、原则设计、概念设计、策略设计和标准设计，而变量设计将可能涉及对未知情形的预测和弹性机制的预置，设计创作过程将在一种可不断辨识的动机驱使下有意识、可透视状态下取舍、推衍和酝酿，理性思维和感性思维在此次序中进行了有机融汇。其中，动机设计和变量设计是制约其他要素类型、定义以及路径选择的特殊因素。

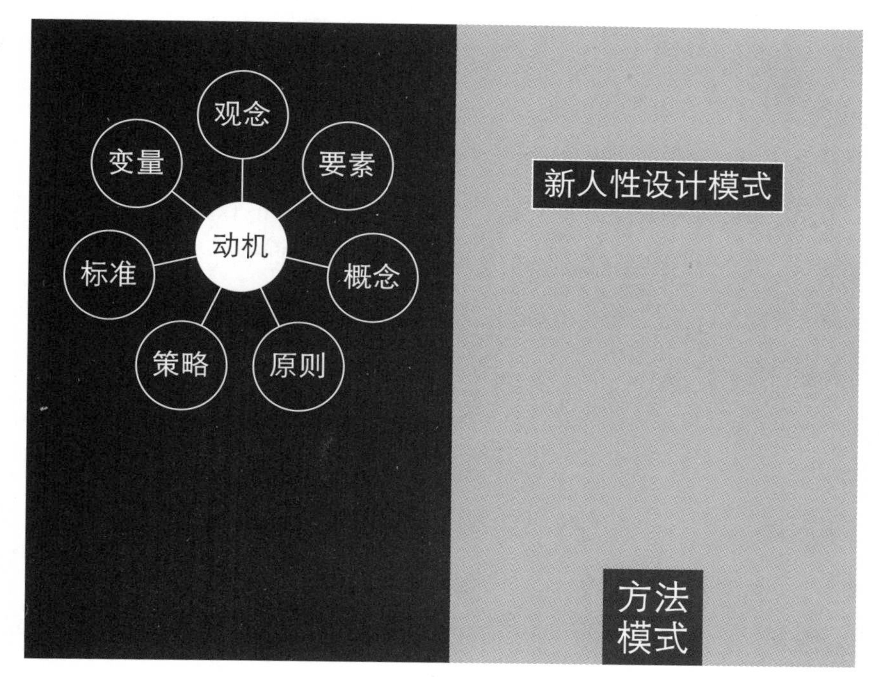

图 3-6　新人性设计模式

3.5.1.1 动机——原始动机设计

动机释义（Motive）

“动机”源于拉丁文 Movere，意即推动的意思。这一解释成为动机词义的普遍依据。

动机的产生被认为与人的需要息息相关。换句话说，若需要是人活动的基本动力源泉，动机就是推动这种活动的根本力量。有人把动机概括为以下主要内容：“一种内部刺激，是个人行为的直接原因；为个人的行为提出目标；为个人行为提供力量以达到体内平衡；使个人明确其行为的意义。”

认知论的动机理论认为，人类的动机行为是以一系列的预期、判断、选择，并朝向目标的认知为基础的。主张认知论的早期代表人物是托尔曼（E.C.Tolman，1886-1959 年）和勒温。托尔曼通过对动物的实验提出行为的目的性，即行为的动机是期望得到某些东西，或企图避开某些讨厌的东西。这也是期望理论的原始形态，期望理论必须解决动机的两个问题：期望什么，即实现目的的可能性有多大，以及目的的价值如何？弗罗姆（V. H. Vroom，1964 年）为了解决这两个问题用效价（valence，简写为 V）、期望（expectancy，简写为 E）和力（force，简写为 F）构成人类的动机作用模式，即 VEF 模式。[①]

在不同的领域中动机产生的规律纷繁复杂，不同的动机将导致不同的行为目标、行为模式、检验标准和由此而产生的行为结果，由此可见，对动机的深度辨析，应该成为设计流程的结构要素和逻辑起点，并在设计流程中不断对原始动机进行回顾，并将其作为检验设计成果的前提要素。

[①]（美国）弗兰肯（Pranken，R.F.）. 人类动机 . 郭本禹等译 . 西安：陕西师范大学出版社，2005.

动机与城市

从城市的发展来看，无论它的形态如何，应该说都是人的动机所造成的，通过对动机的分析和研究，有助于发现城市形成和发展的脉络和方法。纵观文化遗产历史可以发现安全性、经济性、生态性、文化性均是最为朴素根本的发展动机，由此发展出多元化的城市类型和造型。如在安全动机的驱使下，中国发展出以郭城、皇城和宫城三重城池结构为核心的城市防卫系统，以坊里制和巡查制为邻里机制的城市模型；近年来被评选为著名的世界文化遗产的开平碉楼、福建围屋也属于在此动机之下建成的防卫性村落建筑。大量以经济动机发展出以贸易市集为城镇空间特征的城市类型更是不胜枚举。文化动机在著名的《马丘比丘宪章》中被强调：只有将建筑设计能与人民的习惯、风俗自然地融合在一起的时候，这个建筑设计才能够对文化生成最大的影响。

诚然，任何城市的发展往往不是由单一的动机造就的，它们都是在复杂的动机系统驱动之下生发而成的。因此，将具有普世价值的城市发展动机在设计初始阶段（和设计流程中）进行深度解析、反复酝酿和明确定义，被作者认为是设计方法模式中至关重要的，它将是决定设计方向的关键。

3.5.1.2 观念——人文观念策源

观念释义（Idea）

“观念”源自古希腊的“永恒不变的真实存在”，原意是“看得见的”形象，在哲学史上这个术语有不同的含义。普遍的解释指人类支配行为的主观意识，是自身知觉、意识、思想、理智的对象。

可以说，人的行为都是受观念影响和支配的，不同观念将会导致不同的行为的情态和结果。20 世纪 60 年代中期，观念艺术（Idea Art）的出现使“观念”成为艺术品所传递信息中最根本的要素，作者的观念形成和发展过程将通过雕塑、影像、空间等中介予以传播和展现。观念艺术认为，作者的概念（concept）或观念（idea）的组合才是艺术品的核心，并不是传统意义上的由艺术家创造成的物质形态。[①]是否具有可识别的观念性和社会性已经成为评价当代艺术品价值高低的关键。

观念创新已成为推动设计进步不可或缺的基本原则。按照汲古润今、继往开来的观念，遗产文化和民间智慧无疑是孕育创新观念的重要基础，这是研究“新城市类型”设计方法不可忽略的。

观念与城市

在不同历史条件下，由于不同社会、经济和政治基础导致的不同观念，一直影响着城市的类型和空间模式变化。反之，城市类型和空间体系的不断演变，又对新的生存和生产观念产生着影响。如受宗法礼制观念、经济发展观念等的影响，中国古代出现了“里坊制城市”和“街坊制城市”；而文艺复兴前后“以神为中心”和“以人为中心”的不同观念影响了欧洲城市形态的变迁，如以满足市民活动为目的城市广场在继教堂之后成为新的城市空间要素。由此可见，如何在理论和学术层面通过剖析不同形态下的人文、经济、社会和环境背景，孕育出具有创造性和未来性的新城市观念，应该是“新城市类型”设计系统中至关重要的。

[①]（美国）威廉・弗莱明，玛丽・马里安 . 艺术与观念（上、下）. 宋协立译 . 北京：北京大学出版社，2008.

3.5.1.3 概念——原型概念定位

概念释义（Concept）

从哲学的观念来说，概念是思维的基本单位。它与观念、意念是不同的。在古希腊和罗马时期，概念被定义为“抽象和区别后获得的定义”。

康德认为“概念是对多个事物的共同点的想象。”也有人认为，“在感觉、知觉、印象的基础上，借助于语言的抽象作用，人们便得到了反映事物的概念。”[①]现代传媒及心理学认为，概念是人对能代表某种事物及其发展过程的特点及意义所形成的思维结论。在逻辑思维和非逻辑思维两种基本思维模式中，逻辑思维本质上是一种演算，而演算的工具就是概念。[②]可以说，概念的变化和扩大映射了人类对知识系统的不断解悟和发展。

设计概念的形成有助于设计内容的系统化以及概念不断推陈出新。一般来讲，设计概念的形成是一个信息整合和价值优化的过程，时间、空间、造型、用途、材料以及设计者等均是影响概念形成的要素。两种常见的论点描述了设计概念形成的心理机制，即“一个不断提出假设与验证假设的过程”和“对概念样例的记忆重构过程。”作者认为，对设计动机、综合背景、预期目标、文化基质、客观变量等要素的充分解析，特别是对概念原型的甄别和筛选，则是形成独特设计概念的有效和重要的途径。

概念与城市

自古以来，由于不同的发展动机和观念影响，出现过许许多多的城市概念，通过对不同城市概念的解读，我们可以分辨出不同历史时期人类对城市的理想

[①] 金岳霖．形式逻辑．北京：人民出版社，1970.
[②] 何新．哲学思考．北京：时事出版社，2010.

和与此相应的发展策略。据悉，法国建筑大师 勒·柯布西耶（Le Corbusier）是世界第一代现代城市概念的提出者,他于 1922 年提出“明日城市”(Contemporary city）概念，其中以百万以上的人口规模；汽车交通和道路体系；以模式化、高效率工业生产的高层高密度建筑；楼间绿化和公共空间系统；自成体系和自我循环的城市设施体系等概念要素对当今的城市发展仍然产生着重要影响。[①]此外，如花园城市、宜居城市、健康城市、山水城市、低碳城市等城市概念先后出现，成为指导城市理论研究和实践活动的理论支持。

可以认为，城市的原生地脉和文脉是构成其与众不同特色的根本要素（或称之为形态基因)。如何依托地方特征提出具有识别性和发展性的新城市概念，使其在设计逻辑中担负将形而上的设计动机和设计观念转换为形而下的空间结构、城市功能的桥梁作用，因此，概念的创造性构思和诠释无疑是“新城市类型”设计流程中的重要环节。

3.5.1.4　要素——系统要素甄别

要素释义（Feature）

按照一般定义，要素指构成事物（系统）必不可少的因素，或者是组成系统的基本单元。要素在不同的参照系中具有层次性特征，如一要素相对它所在的系统是要素，相对于组成它的要素则是系统。

此外，同一要素在不同系统中其性质、地位和作用会由于其系统类型和机制的不同而有所不同。如同在遗传学原理中不同基因和 DNA 的组合方式形成了

[①] 孙施文 . 现代城市规划理论 . 北京：中国建筑工业出版社，2007.

不同人的面貌和性格，任何系统的特征是由不同类型的要素及其组合机制决定的。换句话说，无论是城市、人还是大自然，要素类型和要素的组合是决定其系统特征的基本原因。在设计逻辑中，对系统性设计要素的充分解析将对明确设计任务和价值目标具有重要意义，特别对于传统要素之外的“边缘要素”（或者“非传统要素”）的敏锐发现和把握是至关重要的。

要素与城市

城市毋庸置疑是由众多各自独立又相互依存、随时间推移不断变化的众多要素构成的，按照不同的类型可以分为空间要素、经济要素、社会要素和文化要素，等等。如建筑、广场、街道、公园和古迹等成为城市的空间要素；产业结构、财政机制、金融系统等构成城市的经济要素，这些城市要素之间密切的交互关系使城市呈现出复杂性、整体性、动态性等特征。任何要素的变化都会直接或间接造成其他城市要素及其关联性的变化。如产业结构的改变，将对城市就业模式、土地价值、环境生态和交通体系等带来影响。因此，如何通过城市要素以及关联机制的剖析，从而对城市规划和设计要素体系的予以建构和控制，理应成为“新城市类型”设计方法模式的重要环节。

3.5.1.5 原则——基本原则遵循

原则释义（principle）

按照普遍的解释，原则表示经过长期检验所整理出来的合理化现象。它也可被理解为说话或行事所依据的法则或标准；是做某件事或解决某个问题或在某个领域里不能离开的禁止性规定。

在不同专业范畴内，原则具有不同的类型属性和内涵。如企业的管理原则，城市的可持续发展原则等，它们为企业和城市发展提供明确的方向和标准，成为发展模式制定的逻辑要素和依据来源。

尽管不同的原则类型具有不同的内涵，但仍然存在着具有普遍意义的原则类型，它们成为指导不同专业范畴发展的基本要义。如著名的可持续发展原则，成为指导人类所有活动的基本原则而得到广泛应用。可持续性原则指出，资源的持续利用和生态系统的可持续性保护是人类社会可持续发展的首要条件。一般情况下，它包括公平性原则、阶段性原则、持续性原则和共同性原则四大部分。其中，公平性原则中规定了当代与后代、当代与当代、人与自然之间机会选择的平等性等。

原则与城市

在不同发展时期和发展目标制约下，城市具有不同的发展原则，通常情形下，以下若干原则类型具有普遍的指导意义。（1）系统整合原则，涉及城市总体与局部，短期与长期；经济、社会与环境之间的和谐共生关系等。（2）经济发展原则，涉及土地资源、生态资源等不可再生资源的集约利用等。（3）社会保障原则，涉及城市就业、城市服务、社会安全等民众生产和生活所需的基本条件等。（4）环境优化原则，涉及环境综合保护、物种多元化和生态和谐等。（5）文化延承原则，涉及地方文化保护和发扬、城市形象塑造、建筑和环境美学和民众教育等。需要特别指出的是，如何以充分遵从具有普世价值的原则为前提，进一步发展因时制宜、因地制宜、因事制宜的优先原则系统，是设计逻辑中应予以结构性考量的，这也是指导“新城市类型”研究的基本方法要素。

3.5.1.6 策略——创新策略运筹

策略释义（Strategy）

关于策略的解释通常有以下几种：谋略和手段；与“战略”相对，它为实现战略任务而采取的手段。策略被解释为“可以实现目标的方案集合。”即在既定目标的指引下，主动预备应对不同可能性的对应方案，并保持在发展过程中具有动态调整的可能。一般情况下，策略具有稳定性和灵活性有机统一的特征，它会随着客观形势的变化而变化。

一套完备和有效的策略系统，应该透过整合相关策略要素，如内外部综合资源、时间和空间机制、边际价值等，形成具有执行性的方案集合，以便明晰和实现已经原则化和概念化的总体设计目标。如何建立具有创新性和适应性的设计策略，更是达成设计目标和提高设计效率的充要前提。

策略与城市

城市策略的类型由于不同的分类标准和发展目标不同，如城市经济策略、环境策略、文化策略、交通策略等，任何城市策略的制订是与不同的城市发展愿景和目标相关联的，城市策略系统成为指导城市发展计划制订的重要纲领。

近年来，受全球化浪潮影响，“全球城市（Global City）”成为众多城市的新发展目标，由此派生出如何实现“全球城市（Global City）”的城市发展策略，如免税贸易加工区（土地利用策略）、跨国总部基地（行业经济策略）和涉外银行机制和法律政策（金融和法律策略）等，由此，空港社区、国际社区等也成为新的城市社区类型，这些都成为形塑新兴城市空间结构、产业结构、文化结构以及社会结构的基本策略。可见，有效的策略系统是城市有序和良性发展的方法保障，具有创新意义的城市策略，将确保城市的发展路径清晰和计划的有效性；动态灵活的城市策略，则可以主动应对内外部条件变化地带来的未知态势。

3.5.1.7 标准——非常标准探寻

标准释义（Criterion）

评价标准是指人们在评价活动中应用于对象的价值尺度和界限。评价的客观性因素是评价标准具有科学性的重要依据，是指相对于评价准则所规定的方面，所确定的优良程度的要求，它是事物质变过程中量的规定性。同时，评价标准也是评价活动方案的核心部分，是人们价值认识的反映，它表明人们关注的重点，具有引导被评价者优化和完善被评价物的方向和方式的作用。

按照阿莫斯·拉普卜特的观点："设计过程中涉及的标准制订和运用，以及应用的时间，是隶属于"文化系统"的一项职能。不同的标准选择和运用机制，反映出在不同的动机诉求作用下的不同偏好，从而导致不同的设计结果。"[①]标准的制定，可以较为清晰地界定出设计目标的指向和内涵，并以此推衍出设计的起点、终点和重点。因此，将标准作为设计流程中必不可少的逻辑要素，是把握设计品质的基本保证。而如何在常规标准基础上，有目的地透过开创性设计思维发展出面向未来的新标准体系则是值得推崇和鼓励的。

标准与城市

标准体系所包含的要素类型、定量和定性的评价指标、多样化的评价方式

---

① （美国）阿莫斯·拉普卜特 A·Rapoport. 文化特性与建筑设计. 常青，张昕，张鹏译. 北京：中国建筑工业出版社，2004.

等，在城市规划、设计以及运行过程中具有直接的指导作用，成为城市制定发展目标最主要的依据之一。设计过程中的标准类型种类繁多，它们可以是主观的，如古老部落的习俗规定，也可以是现代技术体系中的各种规制，这些标准内容涉及环境安全、经济、生态和美学等多个方面。在实际应用中，不同的城市类型具有一套相对应的标准体系作为其评价工具和目标要素，如中国的宜居城市评价标准从社会文明度、经济富裕度、环境优美度、资源承载度、生活便宜度、公共安全度六大指标体系进行具体的评价。

鉴于此，不同类型的标准体系在城市发展和设计中结构性组合，将成为构建城市发展和设计目标、明确规划设计要点的基本指导工具。一套具有科学、文化和艺术价值的标准体系，也将在定性和定量两个维度为城市发展提供系统和客观评价依据，有效导引城市的理性发展。值得指出的是，如何在社会、经济、环境和文化等多维度视野下，制定一套城市美学评价标准，在近年来城市设计领域颇受关注。

3.5.1.8 变量——隐形变量预测

变量释义（Variant）

变量就是指可测量的、具有不同取值或范畴的概念。任何一个系统（或模型）都是由各种变量构成的，而自变量和因变量是按照影响产生的主动关系划分的基本变量类型。当我们以世界当中的事物为特定研究对象，在分析这些系统（或模型）时，所选择研究其中一些变量对另一些变量的影响，那么选择的这些变量就称为自变量，而被影响的量就被称为因变量。

在不同的领域当中，人们对变量的具体界定是不同的。但有一点是共同的，即研究的对象常常是一个充满不确定性的动态的系统组织。按照阿莫斯·拉普卜特的观点，影响事物发展的变量系统应置于总体发展系统中更高的层面予以明晰和研究，通过对不同变量类型的预设，各个变量在总体中的相对意义和权重辨析，以及多种变量的重组和关联性的充分考量，是有益于透视和预见事物发展规律的重要手段。作者认为，对那些隐形变量（由于条件变化可能派生的新变量）的预见和辨识则可能是设计逻辑中最困难，但又是最关键的。

变量与城市

系统和模型可以是一个二元函数这么简单，也可以是整个城市系统一样复杂。整体而言，城市人口、空间、产业和教育等繁复变数随着时间的推移不断演变，而且互为因果，塑造着城市在不同时期和不同条件下的多样形态。举例来说，在众多城市变数中，交通就是维持城市运转的变量之一，按照自变量和因变量的说法，那么交通就是自变量，而城市的运转效能、空间结构、人们的生活状态被认为是因变量。而如果将土地利用作为自变量，交通出行模式则成为因变量。

因而，在设计逻辑中如何通过对显性和隐性两种变量的预见和把握，为城市发展的不确定性预留机制弹性，可能是“新城市类型”设计方法中最有挑战性的部分。

综上所述，对设计的方法要素和发展逻辑研究成为作者新设计方法模式的重要内容。其中，以逻辑次序、要素解析、价值评价等为表征的理性思维（发展逻辑）和以动机设计、观念设计、概念设计等受个人偏好影响的感性思维（要素取舍）被契合在一个可透视、可引导和可评价以及可回溯的逻辑机制中，如此将可能在方法范畴使设计过程避免由于个人原因造成的设计要素的结构性缺失和逻辑次序的无序性发展。由此，在一定意义上实现感性思维和理性思维在某种新机制下的融汇和共生。

3.6 空间模式

空间

有人把空间定义为是“具体空间”和“一般空间”组成的对立统一体。

“具体空间”是有具体数量规定的认识对象，是有长、宽、高三维规定的空间体，是一般空间的具体存在和表现形式，是存在于具体事物之中的相对抽象事物或元实体。

而“一般空间”是没有具体数量规定的认识对象，是无长、宽、高三维限制的空间体，是具体空间的本质和内容，是存在于具体事物和相对抽象事物之中绝对抽象事物或元本体。

“空间场所”理论和“图示语言”模式

“存在空间”首先在挪威建筑理论家克里斯蒂安·诺伯格·舒尔茨（Christian Norberg Schultz）的《存在、空间和建筑》一书中提出，并在其《场所精神——走向建筑现象学》中予以进一步阐述。按照他的解释，存在空间和定居是同义词，定居在存在意义上就是建筑的目的，它包含了有生活呈现的空间——场所，换言之，场所是有明确特征的空间。[①]

“场所感”一词由著名的“十次小组”成员凡・埃克（Aldo Van Eyck）提

[①]（挪威）诺伯舒兹．场所精神——走向建筑现象学．施植明译．武汉：华中科技大学出版社，2010.

出并应用到城市设计领域。按照十次小组的宣言，“明天的变化形态，只能是群众参与的文化。”为实现对人和社会的真正关注，他们放弃了之前现代主义推崇的形式主义导向的城市空间模式，而致力于设计出更具有灵活性的城市空间体系。他们认为，空间在物质层面是一种经过限定的具有某种关联性的“空”，作为活动发生的“场所”而言，它的存在必然会和其所处的特殊时期所发生的事件、人物等人文历史背景具有不可分割的共生关系，只有当空间和获得这种人文意义后，方可以称为“场所”。[①]这与英国著名社会理论家和社会学家安东尼·吉登斯（Anthony Giddens）在其著名的社会学“结构化理论”中论述的通过“空间、时间与人的有机契合从而使空间的社会意义得以实现”[②]的观点如出一辙。充分强调城市文化的多元化和生活化，场所和特殊文脉的关联性，以及多重类型要素的混合带来城市内涵的丰富性是场所理论和图示语言所刻意强调的。

显而易见，城市规划和设计师的作用已不仅是狭义空间形态的制造者，如何将丰富多元的社会性、经济性和文化性要素与城市空间体系有机整合，塑造出可以延承地方和历史文脉，具有文化识别的新空间体系是提高未来城市价值的重要策略，这也成为评价城市综合价值的基本指标。世界各地众多经典的“遗产城市”案例显示，那些能够将传统和现代文化活态化共生和共荣的地方，将承担起储存、传承古典文化，孕育新文化的重要责任，这对于新城市空间体系的规划和设计具有重要的启迪。

[①]（美国）特兰西克．寻找失落空间——城市设计的理论．朱子瑜等译．北京：中国建筑工业出版社，2008.

[②]金小红．吉登斯结构化理论的逻辑．武汉：华中师范大学出版社，2008.

3.6.1 模式建构——“泛文化空间模式”

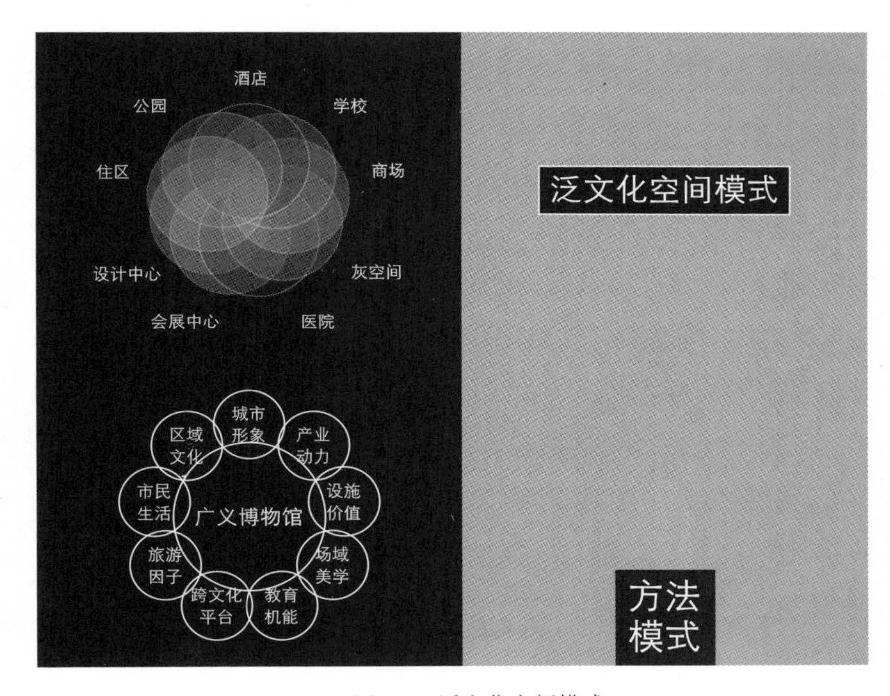

图 3-7　泛文化空间模式

“博物馆”与城市文化空间

“博物馆”（Museum）一词源于希腊语“缪斯庵”，它是祭祀希腊女神缪斯的祭坛和神殿，其原意为“缪斯的遗产”。它被认为是城市中最具有人文特色和精神内涵的场所之一，其丰富的藏品和艺术研究，以及人文教育活动，成为最吸引市民和游客的城市公共设施，也因此成为城市标志性空间。

按照常规的分类标准博物馆有以下三大类：即社会历史类博物馆、自然科技类博物馆和艺术类博物馆，包括历史、考古、艺术、文化名人、医药、体育、自然、科技、军事等多种主题。据统计，世界博物馆约有三万六千多座，欧洲和美洲就占三万余座。可以说，在人类城市的漫长发展历程中，博物馆已成为一种不可替代的多职能的城市文化复合体，是城市中最具有“文化价值”的特殊空间类型。

在 1974 年国际博物馆协会第十一届大会通过的《国际博物馆协会会章》第三条规定：“博物馆是一个不追求盈利，为社会和社会发展服务的、公开的永久性机构，对人类和人类环境见证物进行研究、采集、保存、传播，特别是为研究教育和游览的目的提供展览”。在其 2001 年修订为：博物馆为非盈利的永久性机构，在其所发展与服务的社会，对公众开放，以学习、教育、娱乐为目的，收藏、保存、研究、传播与展示人类及其环境的物质证据。[①]

随着社会的发展，博物馆的目的、职能和功能不断地发展变化。澳大利亚博物馆协会在 2002 年提出博物馆的目的是“帮助人们通过利用物品和观念来理解世界，以解释过去和现在，并探索未来”。新诞生的博物馆类型包括现代生活博物馆、露天雕塑博物馆、生态博物馆以及科学中心和文化中心等。其中，露天雕塑博物馆展览当代艺术品，著名的有耶路撒冷的比利玫瑰艺术园、日本的箱根露天博物馆，它将博物馆的空间由传统的室内扩展到室外。

第一个生态博物馆——索勒特索煤矿生态博物馆由法国创建于 1971 年。它是人类及其周围环境的综合表现，是文化传统、自然传统和经济生活的融合体，生态学和人种学是这种博物馆的核心。[②]人与环境高度融合的方式，使参观者和本地居民在一种活态的情景下结识和了解地方文化的独特魅力，并有机会参与

[①] 邹瑚莹等 . 博物馆建筑设计——建筑设计指导丛书 . 北京：中国建筑工业出版社，2002.

[②] 李文儒 . 全球化下的中国博物馆 . 北京：文物出版社，2002.

到这种地方文化的再创造过程之中。生态博物馆可以是一个矿区或工业区、一条河谷、一个村镇。

不难看出，不论传统还是新型的博物馆，它们在文化保护和传播、民众文化教育、跨区域和跨文化的交流和新文化的创造等众多方面都具有独特的功能价值和场所优势。

“广义博物馆”与“泛文化空间”

值得一提的是，由于观念进步和技术革新的支持，新型博物馆在空间模式、服务内容、综合价值、展品类型、展览主题上出现了突破性变化，博物馆空间与城市和社区空间的融合，将无疑使城市和社区成为充满文化信息和物件的文化场所，而主题展品与参观者的活态式共生也为民众日常活动与新文化有机地融为一体提供了契机。

在博物馆固有特性和发展态势的启发下，作者提出将博物馆的这一传统城市要素在“新城市类型”中予以城市化、社区化、流动化、观念化和活态化，创建以“广义博物馆”为核心概念的城市“泛文化空间模式”，使多元文化要素在某种发展机制的统筹之下，在时间、空间和人的社会行为范畴内多层次、多方位和多形式交融渗透，催生城市新文化的孕育和传承。

“广义博物馆”和“泛文化空间模式”价值要素

通过对社会、经济、环境和文化四大价值类型及其关键要素的综合比较，以“广义博物馆”为载体的“泛文化空间模式”将可能在城市形象、产业动力、市民生活等九个方面对“新城市类型”综合文化价值的提升具有特殊意义，在此九个方面的策略研究将对建立以文化价值为核心的“新遗产城市”具有重要意义。

城市形象：以具有前瞻性的观念和标准规划的“广义博物馆”空间体系，将是“新遗产城市”重要的空间基质和独特的地方识别要素。

产业动力：文化力将越来越成为构建城市地方政府和企业竞争力要素，以地方文化为驱动力的“广义博物馆”，将有助于提升“新遗产城市”公共和私有经济的软实力。

市民生活：借助“广义博物馆”专业化统筹，以持续文化活动、艺术展示、教育机能以及原生态环境，会直接提升市民生活环境品质和休闲活动的文化内涵。

区域文化：在“广义博物馆”和“泛文化空间模式”策略统筹下，将代表地方（区域）文化的遗产基因通过多种形态的研究、教育、创造、商业等机制衍生和孵化，为创造具有地方性和未来性的“新遗产文化”提供了可能。

场域美学：“广义博物馆”独特的空间类型、系统设计和综合运营，将使“新遗产城市”彰显有别具一格的场域美学特色。

教育机能：通过互动和多元的“广义博物馆”体系，把传统和当代艺术、工业设计、公众美学等学术课题和教育产业嫁接，优化传统教育体系，将有助于提高民众素质和就业能力。

跨文化平台：利用“广义博物馆”和“泛文化空间模式”，使丰富多彩的跨地域、跨文化交流活动成为可能，并由此创造出将持续孕育城市和区域新文化的重要场所和发展机制。

旅游设施：具有地方特色和主题性的“广义博物馆”将构成新城市旅游的重要设施体系，成为对本地和异地均具有吸引力的新型城市文化旅游目的地。

设施价值：将“泛文化空间模式”纳入城市总体空间体系，使商务中心区、公园、交通枢纽、商场、医院等传统城市功能设施与新、旧文化基质主动契合，为提升城市土地、公共设施的使用功能和价值弹性带来机会。

“一座建筑刚刚开张时并不能说它看来如何，
要等到 30 年之后方能见分晓。”

——（芬兰）阿尔瓦·阿尔托（ALVAR AALTO）

第 4 章 “新遗产城市”方法模式

4.1 “新遗产城市”方法要素

方法结构

以第 3 章研讨的方法模式为基础，作者尝试将观念模式、价值模式、造型模式、规划模式、设计模式和空间模式等组合作为“新遗产城市”的方法结构。

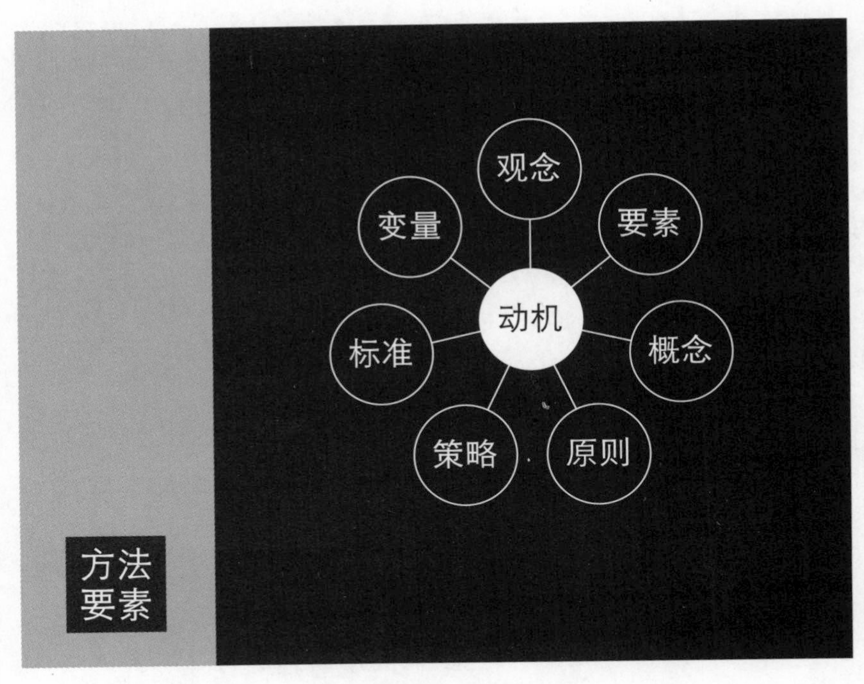

图 4-1　“新遗产城市”方法要素

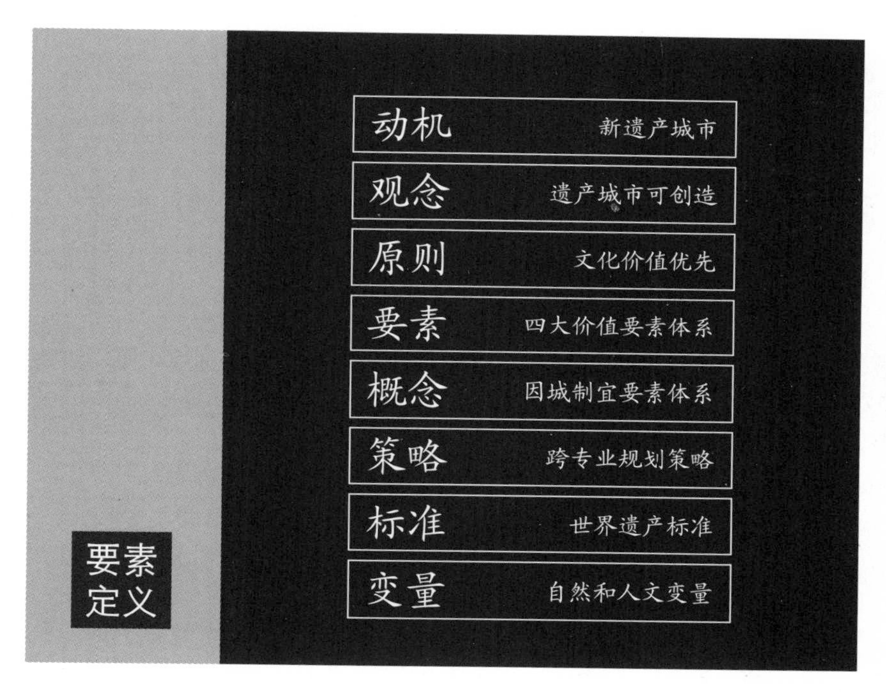

图 4-2 “新遗产城市”要素定义

方法要素

由动机（逻辑起点）、观念、原则、概念、要素、策略、标准和变量八个要素构成的“新人性设计模式”成为“新遗产城市”的基本逻辑结构(理性的次序性)。在不同的选择策略下（“感性的次序性”），各个方法要素将具有不同的内涵和组合机制，形态迥异的“新遗产城市模型”也将由此推衍而产生。

4.2 “新遗产城市”方法模式

动机：按照“世界遗产标准”创造具有未来性的“新遗产城市”

世界遗产的提名基准和评价标准中清楚地表明，入选和成为世界遗产“需具有‘突出的普世价值’以及满足包括‘表现人类创造力的经典之作’等十项基准”。通过“新遗产城市”类型的学术动机和模式创立，将有助于强调并且开启更理性的生存观念和新文化孕育，实现未来型城市担负“储存文化、流传文化和创造文化”的基本使命。

观念：**符合世界遗产标准的“新遗产城市”是可以有意识创造的**。

新观念的探索是启发和推动“新遗产城市”类型研究和实践的重要前提。作者提出的旨在改变传统认知模式的“全通感观念逻辑（系统）”对其多年来的思考模式和研究方法具有重要影响。

文化遗产是“代表一种独特的艺术成就，一种创造性天才杰作……与具有特殊意义的时间或者传统习惯、思想、信仰和艺术作品有着直接或实质联系的东西。”它已经成为人类“灵妙化”进化过程中一种至高无上的创造物类型。作者希望**“符合世界遗产标准的新遗产城市是可以有意识创造的”这一朴素观念对传统城市专业体系、研究模式以及评价标准等的反思和创新有所启发**。

原则：**最大化提升以“文化价值”为核心，以经济价值、环境价值和社会价值为基础的城市综合价值**。

以“‘贮存文化、流传文化和创造文化’作为城市的根本功能”的理论学说表明，“文化价值”应该成为城市综合价值体系的核心。在若干现代经典城市类型中，“遗产城市”是唯一将“人类（共同拥有的）文化遗产”作为定义要素的城市类型，由此产生的“世界遗产文化”更进一步凸显“贮存、流传和创造文化”成为城市根本使命的核心思想。

概念：**“因地制宜”的特殊文化基质和类型要素将塑造类型多样的“新遗产城市”概念形态**。

“城市概念”的形成是在不同的发展背景和动机驱使下，通过不同的城市要素解析和提炼而赋予城市的一种个性化特征概括。在“新遗产”观念指导下，以城市的文化、经济、环境和社会要素为基础，可以发现和创造出凸显城市特殊内涵的不同城市概念。如以自然山水为要素的“山水城市”概念；以中国传统养生文化为核心的“养生城市”概念等。

要素：由文化、经济、环境和社会四大价值类型及其关联性要素构成。

城市要素的整合将直接影响城市价值结构及其发展策略体系的建构。因此，新和旧城市要素的明晰和统筹成为塑造“新遗产城市”的基本前提。城市要素的选择和解析应首先在时间、空间和功能等维度下予以定性和定量评估并以此组成城市要素体系。必须指出的是，城市价值要素的系统性考量是至关重要的，以避免挂一漏万和顾此失彼的传统城市概念和类型定义的思维模式。

策略：以文化基质、空间形态、生态要素等十一个专业要素为基础的“跨专业体系”是“新遗产城市”的系统规划策略。由“城市原型选择，到城市类型定义、城市模型建构和城市造型设计”构成“新遗产城市”的形态发展策略。通过“泛文化空间模式”将（新）遗产文化要素在空间体系、产业体系和设施体系的多维度契合，是实现“新遗产城市”之文化价值最大化目标的空间设计策略。

标准：包括“文化遗产标准”、“自然遗产标准”、“自然和文化双重遗产标准”、“文化景观标准”、“农业遗产标准”和“无形文化遗产标准”。

在“新遗产”观念的启发下，通过对“世界遗产评价标准”进行方法性解析和转译，建立以“遗产城市”为目标的新城市价值要素和评价机制，从而建立可指导“新遗产城市”规划和设计的新标准系统。

变量：城市的未来是由城市人口、产业基质、气候条件、外来文化等城市

变量及其相互作用之下不断塑造而成的。

这些多类型的显性和隐性、可预见和不可预见的变量也将成为影响城市新文化孕育的关键因素。因此，对变量（系统）的结构性考量和对新遗产城市的衍生发展具有不可低估的作用。如何为城市变量设置有效的系统性弹性机制将是其中的关键之一。

附录一：联合国教科文组织（UNESCO）、保护世界文化和自然遗产公约

联合国教科文组织（UNESCO）是联合国负责教育、科学、文化和传播的机构。1960年，该组织在埃及政府整治尼罗河流域水利工程中通过组织国际拯救了埃及的古迹 Abu Simbel 寺庙，促发了教科文组织保护世界文化和自然遗产活动的开展，由此开启了席卷全球的遗产保护运动。

在联合国教科文组织（UNESCO）的推动下，《保护世界文化和自然遗产公约》于1972年在巴黎正式生效。该公约组织的主要任务是确认世界范围内的自然和文化遗产，这些具有“普世价值”的“独特地方资源”被定义为“全人类共同的文化财富”，即使在战争中也不能成为军事攻击目标。而保护遗产的“真实性”和“完整性”成为公约成员组织的重要使命。

按照联合国教科文组织的定义，世界遗产代表了人类及其生存环境对世界的三大贡献：一是人类的创造，二是自然的创造，三是人类与大自然共同的创造。

保护世界文化和自然遗产

公 约

巴黎，1972年11月23日

「保护世界文化和自然遗产公约」

联合国教育、科学及文化组织大会于1972年10月17日至11月21日在巴黎举行的第十七届会议，注意到文化遗产和自然遗产越来越受到破坏的威胁，一方面因年久腐变所致，同时变化中的社会和经济条件使情况恶化，造成更加难以对付的损害或破坏现象，考虑到任何文化或自然遗产的坏变或丢失都有使全世界遗产枯竭的有害影响，考虑到国家一级保护这类遗产的工作往往不很完善，原因在于这项工作需要大量手段，而列为保护对象的财产的所在国却不具备充足的经济、科学和技术力量，回顾本组织《组织法》规定，本组织将通过保存和维护世界遗产和建议有关国家订立必要的国际公约来维护、增进和传播知识，考虑到现有关于文化和自然遗产的国际公约、建议和决议表明，保护不论属于哪国人民的这类罕见且无法替代的财产，对全世界人民都很重要，考虑到部分文化或自然遗产具有突出的重要性，因而需作为全人类世界遗产的一部分加以保护，考虑到鉴于威胁这类遗产的新危险的规模和严重性，整个国际社会有责任通过提供集体性援助来参与保护具有突出的普遍价值的文化和自然遗产；这种援助尽管不能代替有关国家采取的行动，但将成为它的有效补充，考虑到为此有必要通过采用公约形式的新规定，以便为集体保护具有突出的普遍价值的文化和自然遗产建立一个根据现代科学方法制定的永久性的有效制度，在大会第十六届会议上，曾决定应就此问题制订一项国际公约，于1972年11月16日通过本公约。

I. 文化和自然遗产的定义

第1条 在本公约中，以下各项为“文化遗产”：

文物：从历史、艺术或科学角度看具有突出的普遍价值的建筑物、碑雕和碑画，具有考古性质的成分或结构、铭文、窟洞以及联合体；

建筑群：从历史、艺术或科学角度看在建筑式样、分布均匀或与环境景色结合方面具有突出的普遍价值的单立或连接的建筑群；

遗址：从历史、审美、人种学或人类学角度看具有突出的普遍价值的人类工程或自然与人联合工程以及考古地址等地方。

第2条 在本公约中，以下各项为“自然遗产”：

从审美或科学角度看具有突出的普遍价值的由物质和生物结构或这类结构群组成的自然面貌；

从科学或保护角度看具有突出的普遍价值的地质和自然地理结构以及明确划为受威胁的动物和植物生境区；

从科学、保护或自然美角度看具有突出的普遍价值的天然名胜或明确划分的自然区域。

第3条 本公约缔约国均可自行确定和划分上面第1条和第2条中提及的、本国领土内的文化和自然财产。

II. 文化和自然遗产的国家保护和国际保护

第4条 本公约缔约国均承认，保证第1条和第2条中提及的、本国领土内的文化和自然遗产的确定、保护、保存、展出和遗传后代，主要是有关国家的责任。该国将为此目的竭尽全力，最大限度地利用本国资源，必要时利用所能获得的国际援助和合作，特别是财政、艺术、科学及技术方面的援助和合作。

第5条 为保护、保存和展出本国领土内的文化和自然遗产采取积极有效的措施，本公约各缔约国应视本国具体情况尽力做到以下几点：

（1）通过一项旨在使文化和自然遗产在社会生活中起一定作用并把遗产保护工作纳入全面规划计划的总政策；

（2）如本国内尚未建立负责文化和自然遗产的保护、保存和展出的机构，则建立一个或几个此类机构，配备适当的工作人员和为履行其职能所需的手段；

（3）发展科学和技术研究，并制订出能够抵抗威胁本国文化或自然遗产的危险的实际方法；

（4）采取为确定、保护、保存、展出和恢复这类遗产所需的适当的法律、科学、技术、行政和财政措施；

（5）促进建立或发展有关保护、保存和展出文化和自然遗产的国家或地区培训中心，并鼓励这方面的科学研究。

第6条

1. 本公约缔约国，在充分尊重第1条和第2条中提及的文化和自然遗产的所在国的主权，并不使国家立法规定的财产权受到损害的同时，承认这类遗产是世界遗产的一部分，因此，整个国际社会有责任合作予以保护。

2. 缔约国根据本公约的规定，应有关国家的要求帮助该国确定、保护、保存和展出第11条第2段和第4段中提及的文化和自然遗产。

3. 本公约各缔约国不得故意采取任何可能直接或间接损害本公约其他缔约国领土的、第1条和第2条中提及的文化和自然遗产的措施。

第7条 在本公约中，世界文化和自然遗产的国际保护应被理解为建立一个旨在支持本公约缔约国保存和确定这类遗产的努力的国际合作和援助系统。

Ⅲ.保护世界文化和自然遗产政府间委员会

第8条

1. 在联合国教育、科学及文化组织内，要建立一个保护具有突出的普遍价值的文化和自然遗产政府间委员会，称为“世界遗产委员会”。委员会由联合国教育、科学及文化组织大会常会期间召集的本公约缔约国大会选出的15个缔约国组成。委员会成员国的数目将在至少40个缔约国实施本公约之后的大会常会之日起增至21个。

2. 委员会委员的选举须保证均衡地代表世界的不同地区和不同文化。

3. 国际文物保护与修复研究中心（罗马中心）的一名代表、国际古迹遗址理事会的一名代表以及国际自然及资源保护联盟的一名代表可以咨询者身份出席委员会的会议，此外，应联合国教育、科学及文化组织大会常会期间举行大会的本公约缔约国提出的要求，其他具有类似目标的政府间或非政府组织的代表亦可以咨询者身份出席委员会的会议。

第9条

1. 世界遗产委员会成员国的任期自当选之应届大会常会结束时起至应届大会后第三次常会闭幕时止。

2. 但是，第一次选举时指定的委员中，有三分之一的委员的任期放于当选应届大会后第一次常会闭幕时截止；同时指定的委员中，另有三分之一的委员的任期应于当选之应届大会后第二次常会闭幕时截止。这些委员由联合国教育、科学及文化组织大会主席在第一次选举后抽签决定。

3. 委员会成员国应选派在文化或自然遗产方面有资历的人员担任代表。

第 10 条

1. 世界遗产委员会应通过其议事规则。

2. 委员会可随时邀请公共或私立组织或个人参加其会议，以就具体问题进行磋商。

3. 委员会可设立它认为为履行其职能所需的咨询机构。

第 11 条

1. 本公约各缔约国应尽力向世界遗产委员会递交一份关于本国领土内适于列入本条第 2 段所述《世界遗产目录》的、组成文化和自然遗产的财产的清单。这份清单不应看做是齐全的，它应包括有关财产的所在地及其意义的文献资料。

2. 根据缔约国按照第 1 段规定递交的清单，委员会应制订、更新和出版一份《世界遗产目录》，其中所列的均为本公约第 1 条和第 2 条确定的文化遗产和自然遗产的组成部分，也是委员会按照自己制订的标准认为是具有突出的普遍价值的财产。一份最新目录应至少每两年分发一次。

3. 把一项财产列入《世界遗产目录》需征得有关国家同意。当几个国家对某一领土的主权或管辖权均提出要求时，将该领土内的一项财产列入《目录》不得损害争端各方的权利。

4. 委员会应在必要时制订、更新和出版一份《处于危险的世界遗产目录》，其中所列财产均为载于《世界遗产目录》之中、需要采取重大活动加以保护并为根据本公约要求给予援助的财产。《处于危险的世界遗产目录》应载有这类活动的费用概算，并只可包括文化和自然遗产中受到下述严重的特殊危险威胁的财产，这些危险是：蜕变加剧、大规模公共或私人工程、城市或旅游业迅速发展计划造成的消失威胁；土地的使用变动或易主造成的破坏；未知原因造成的重大变化；随意摈弃；武装冲突的爆发或威胁；灾害和灾变；严重火灾、地震、山崩；火山爆发；水位变动、洪水和海啸等。委员会在紧急需要时可随时在《处于危险的世界遗产目录》中增列新的条目并立即予以发表。

5. 委员会应确定属于文化或自然遗产的财产可被列入本条第 2 段和第 4 段中提及的目录所依据的标准。

6. 委员会在拒绝一项要求列入本条第 2 段和第 4 段中提及的目录之一的申请之前，应与有关文化或自然财产所在缔约国磋商。

7. 委员会经与有关国家商定，应协调和鼓励为拟订本条第 2 和 4 段中提及的目录所需进行的研究。

第 12 条 未被列入第 11 条第 2 段和第 4 段提及的两个目录的属于文化或自然遗产的财产，绝非意味着在列入这些目录的目的之外的其他领域不具有突出的普遍价值。

第 13 条

1. 世界遗产委员会应接收并研究本公约缔约国就已经列入或可能适于列入第 11 条第 2 段和第 4 段中提及的目录的本国领土内成为文化或自然遗产的财产要求国际援助而递交的申请。这种申请的目的可能是保证这类财产得到保护、保存、展出或恢复。

2. 本条第 1 段中提及的国际援助申请还可能涉及鉴定哪些财产属于第 1 条和第 2 条所确定的文化或自然遗产，当初步调查表明此项调查值得进行下去。

3. 委员会应就对这些申请所需采取的行动作出决定，必要时应确定其援助的性质和程度，并授权以它的名义与有关政府作出必要的安排。

4. 委员会应制订其活动的优先顺序并在进行这项工作时应考虑到需予保护的财产对世界文化和自然遗产各具的重要性、对最能代表一种自然环境或世界各国人民的才华和历史的财产给予国际援助的必要性、所需开展工作的迫切性、拥有受到威胁的财产的国家现有的资源、特别是这些国家利用本国资源保护这类财产的能力大小。

5. 委员会应制订、更新和发表已给予国际援助的财产目录。

6. 委员会应就本公约第 15 条下设立的基金的资金使用问题作出决定。委员会应设法增加这类资金，并为此目的采取一切有益的措施。

7. 委员会应与拥有与本公约目标相似的目标的国际和国家级政府组织和非政府组织合作。委员会为实施其计划和项目，可约请这类组织；特别是国际文物保护与修复研究中心（罗马中心）、国际古迹遗址理事会和国际自然及自然资源保护联盟并可约请公共和私立机构与个人。

8. 委员会的决定应经出席及参加表决的委员的三分之二多数通过。委员会委员的多数构成法定人数。

第 14 条

1. 世界遗产委员会应由联合国教育、科学及文化组织总干事任命组成的一个秘书处协助工作。

2. 联合国教育、科学及文化组织总干事应尽可能充分利用国际文物保护与修复研究中心（罗马中心）、国际古迹遗址理事全和国际自然及自然资源保护联盟在各自职权范围内提供的服务，以为委员会准备文件资料，制订委员会会议议程，并负责执行委员会的决定。

IV. 保护世界文化和自然基金

第 15 条

1. 现设立一项保护具有突出的普遍价值的世界文化和自然遗产基金，称为

“世界遗产基金”。

2. 根据联合国教育、科学及文化组织《财务条例》的规定，此项基金应构成一项信托基金。

3. 基金的资金来源应包括：

（1）本公约缔约国义务捐款和自愿捐款；

（2）下列方面可能提供的捐款、赠款或遗赠：

1）其他国家；

2）联合国教育、科学及文化组织、联合国系统的其他组织（特别是联合国开发计划署）或其他政府间组织；

3）公共或私立机构或个人。

（3）基金款项所得利息；

（4）募捐的资金和为本基金组织的活动的所得收入；

（5）世界遗产委员会拟订的基金条例所认可的所有其他资金。

4. 对基金的捐款和向委员会提供的其他形式的援助只能用于委员会限定的目的。委员会可接受仅用于某个计划或项目的捐款，但以委员会业已决定实施该计划或项目为条件，对基金的捐款不得带有政治条件。

第 16 条

1. 在不影响任何自愿补充捐款的情况下；本公约缔约国每两年定期向世界遗产基金纳款，本公约缔约国大会应在联合因教育、科学及文化组织大会届会期间开会确定适用于所有缔约国的一个统一的纳款额百分比，缔约国大会关于此问题的决定，需由未作本条第 2 段中所述声明的、出席及参加表决的缔约国的多数通过。本公约缔约国的义务纳款在任何情况下都不得超过对联合因教育、科学及文化组织正常预算纳款的百分之一。

2. 然而，本公约经第 31 条或第 32 条中提及的国家均可在交存批准书、接受书或加入书时声明不受本条第 1 段的约束。

3. 已作本条第 2 段中所述声明的本公约缔约国可随时通过通知联合国教育、科学及文化组织总干事收回所作声明。然而，收回声明之举在紧接的一届本公约缔约国大会之日以前不得影响该国的义务纳款。

4. 为使委员会得以有效地规划其活动，已作本条第 2 段中所述声明的本公约缔约国应至少每两年定期纳款，纳款不得少于它们如受本条第 1 段规定约束所需交纳的款额。

5. 凡拖延交付当年和前一日历年的义务纳款或自愿捐款的本公约缔约国不能当选为世界遗产委员会成员，但此项规定不适用于第一次选举。属于上述情况但已当选委员会成员的缔约国的任期应在本公约第 8 条第 1 段规定的选举之时截止。

第 17 条　本公约缔约国应考虑或鼓励设立旨在为保护本公约第 1 条和第 2 条中所确定的文化和自然遗产募捐的国家、公共及私立基金会或协会。

第 18 条　本公约缔约国应对在联合国教育、科学及文化组织赞助下为世界遗产基金所组织的国际募捐运动给予援助。它们应为第 15 条第 3 段中提及的机构为此目的所进行的募款活动提供便利。

Ⅴ. 国际援助的条件和安排

第 19 条　凡本公约缔约国均可要求对本国领土内组成具有突出的普遍价值的文化或自然遗产之财产给予国际援助。它在递交申请时还应按照第 21 条规定所拥有的有助于委员会作出决定的文件资料。

第 20 条　除第 13 条第 2 段、第 22 条第 3 项和第 23 条所述情况外，本公约规定提供的国际援助仅限于世界遗产委员会业已决定或可能决定列入第 11 条第 2 段和第 4 段中所述目录的文化和自然遗产的财产。

第 21 条

1. 世界遗产委员会应制订对向它提交的国际援助申请的审议程序，并应确定申请应包括的内容，即打算开展的活动、必要的工程、工程的预计费用和紧急程度以及申请国的资源不能满足所有开支的原因所在。这类申请须尽可能附有专家报告。

2. 对因遭受灾难或自然灾害而提出的申请，由于可能需要开展紧急工作，委员会应立即给予优先审议，委员会应掌握一笔应急储备金。

3. 委员会在作出决定之前，应进行它认为必要的研究和磋商。

第 22 条　世界遗产委员会提供的援助可采取下述形式；

（1）研究在保护、保存、展出和恢复本公约第 11 条第 2 段和第 4 段所确定的文化和自然遗产方面所产生的艺术、科学和技术性问题；

（2）提供专家、技术人员和熟练工人，以保证正确地进行已批准的工作；

（3）在各级培训文化和自然遗产的鉴定、保护、保存、展出和恢复方面的工作人员和专家；

（4）提供有关国家不具备或无法获得的设备；

（5）提供可长期偿还的低息或无息贷款；

（6）在例外和特殊情况下提供无偿补助金。

第 23 条　世界遗产委员会还可向培训文化和自然遗产的鉴定、保护、保存、展出和恢复方面的各级工作人员和专家的国家或地区中心提供国际援助。

第 24 条　在提供大规模的国际援助之前，应先进行周密的科学、经济和技术研究。这些研究应考虑采用保护、保存、展出和恢复自然和文化遗产方面最先进的技术，并应与本公约的目标相一致。这些研究还应探讨合理利用有关国家现有资源的手段。

第 25 条 原则上，国际社会只担负必要工程的部分费用。除非本国资源不许可，受益于国际援助的国家承担的费用应构成用于各项计划或项目的资金的主要份额。

第 26 条 世界遗产委员会和受援国应在他们签订的协定中确定享有根据本公约规定提供的国际援助的计划或项目的实施条件。应由接受这类国际援助的国家负责按照协定制订的条件对如此卫护的财产继续加以保护、保存和展出。

Ⅵ. 教育计划

第 27 条

1. 本公约缔约国应通过一切适当手段，特别是教育和宣传计划，努力增强本国人民对本公约第 1 条和第 2 条中确定的文化和自然遗产的赞赏和尊重。

2. 缔约国应使公众广泛了解对这类遗产造成威胁的危险和根据本公约进行的活动。

第 28 条 接受根据本公约提供的国际援助的缔约国应采取适当措施，使人们了解接受援助的财产的重要性和国际援助所发挥的作用。

Ⅶ. 报 告

第 29 条

1. 本公约缔约国在按照联合国教育、科学及文化组织大会确定的日期和方式向该组织大会递交的报告中，应提供有关它们为实行本公约所通过的法律和行政规定和采取的其他行动的情况，并详述在这方面获得的经验。

2. 应提请世界遗产委员会注意这些报告。

3. 委员会应在联合国教育、科学及文化组织大会的每届常会上递交 7 份关于其活动的报告。

Ⅷ. 最后条款

第 30 条　本公约以阿拉伯文、英文、法文、俄文和西班牙文拟订，五种文本同一作准。

第 31 条

1. 本公约应由联合国教育、科学及文化组织会员国根据各自的宪法程序予以批准或接受。

2. 批难书或接受书应交存联合国教育、科学及文化组织总干事。

第 32 条

1. 所有非联合国教育、科学及文化组织会员的国家，经该组织大会邀请均可加入本公约。

2. 向联合国教育、科学及文化组织总干事交存一份加入书后，加入方才有效。

第 33 条　本公约须在第二十份批准书、接受书或加入书交存之日的三个月之后生效，但这仅涉及在该日或之首交存各自批准书、接受书或加入书的国家。就任何其他国家而言，本公约应在这些国家交存其批准书、接受书或加入书的三个月之后生效。

第 34 条　下述规定须应用于拥有联邦制或非单一立宪制的本公约缔约国：

（1）关于在联邦或中央立法机构的法律管辖下实施的本公约规定，联邦或中央政府的义务应与非联邦国家的缔约国的义务相同；

（2）关于在无须按照联邦立宪制采取立法措施的联邦各个国家、地区、省或州法律管辖下实施的本公约规定，联邦政府应将这些规定连同其关于予以通过的建议一并通告各个国家、地区、省或州的主管当局。

第 35 条

1. 本公约缔约国均可通告废除本公约。

2. 废约通告应以一份书面文件交存联合国教育、科学及文化组织的总干事。

3. 公约的废除应在接到废约通告书一年后生效，废约在生效日之前不得影响退约国承担的财政义务。

第 36 条　联合国教育、科学及文化组织总干事应将第 31 条和第 32 条规定交存的所有批准书、接受书和加入书和第 35 条规定的废约等事通告本组织会员国、第 32 条中提及的非本组织会员的国家以及联合国。

第 37 条

1. 本公约可由联合国教育、科学及文化组织的大会修订。但任何修订只将成为修订的公约缔约国具有约束力。

2. 如大会通过一项全部或部分修订本公约的新公约，除非新分约另有规定，本公约应从新的修订公约生效之日起停止批准、接受或加入。

第 38 条　按照《联合国宪章》第 102 条，本公约须应联合国教育、科学及文化组织总干事的要求在联合国秘书处登记。

1972 年 11 月 23 日订于巴黎，两个正式文本均有大会第十七届会议主席和联合国教育、科学及文化组织总干事的签字，由联合国教育、科学及文化组织存档，并将证明无误之副本发送第 31 条和第 32 条述之所有国家以及联合国。

前文系联合国教育、科学及文化组织大会在巴黎举行的，于一九七二年十一月二十一日宣布闭幕的第十七届会议通过的《公约》正式文本。一九七二年十一月二十三日签字，以昭信守。

大会主席

荻原彻

总干事

勒力·马厄

该副本经验明无误

巴黎

联合国教育、科学及文化组织国际准则及法律事务办公室主任

保护非物质文化遗产

公 约

巴黎，2003 年 10 月 17 日

「保护非物质文化遗产公约」

联合国教育、科学及文化组织（以下简称教科文组织）大会于2003年9月29日至10月17日在巴黎举行的第32届会议，参照现有的国际人权文书，尤其是1948年的《世界人权宣言》以及1966年的《经济、社会及文化权利国际公约》和《公民权利和政治权利国际公约》，考虑到1989年的《保护民间创作建议书》、2001年的《教科文组织世界文化多样性宣言》和2002年第三次文化部长圆桌会议通过的《伊斯坦布尔宣言》强调非物质文化遗产的重要性，它是文化多样性的熔炉，又是可持续发展的保证，考虑到非物质文化遗产与物质文化遗产和自然遗产之间的内在相互依存关系，承认全球化和社会转型进程在为各群体之间开展新的对话创造条件的同时，也与不容忍现象一样，使非物质文化遗产面临损坏、消失和破坏的严重威胁，在缺乏保护资源的情况下，这种威胁尤为严重，意识到保护人类非物质文化遗产是普遍的意愿和共同关心的事项，承认各社区，尤其是原住民、各群体，有时是个人，在非物质文化遗产的生产、保护、延续和再创造方面发挥着重要作用，从而为丰富文化多样性和人类的创造性作出贡献，注意到教科文组织在制定保护文化遗产的准则性文件，尤其是1972年的《保护世界文化和自然遗产公约》方面所做的具有深远意义的工作，还注意到迄今尚无有约束力的保护非物质文化遗产的多边文件，考虑到国际上现有的关于文化遗产和自然遗产的协定、建议书和决议需要有非物质文化遗产方面的新规定有效地予以充实和补充，考虑到必须提高人们，尤其是年轻一代对非物质文化遗产及其保护的重要意义的认识，考虑到国际社会应当本着互助合作的精神与本公约缔约国一起为保护此类遗产作出贡献，以及教科文组织有关非物质文化遗产的各项计划，尤其是“宣布人类口头遗产和非物质遗产代表作”计划，认为非物质文化遗产是密切人与人之间的关系以及他们之间进行交流和了解的要素，它的作用是不可估量的，于2003年10月17日通过本公约。

Ⅰ. 总 则

第 1 条　本公约的宗旨

本公约的宗旨如下：

1. 保护非物质文化遗产；

2. 尊重有关社区、群体和个人的非物质文化遗产；

3. 在地方、国家和国际一级提高对非物质文化遗产及其相互欣赏的重要性的意识；

4. 开展国际合作及提供国际援助。

第 2 条　定义

在本公约中：

1.“非物质文化遗产”，指被各社区、群体，有时是个人，视为其文化遗产组成部分的各种社会实践、观念表述、表现形式、知识、技能以及相关的工具、实物、手工艺品和文化场所。这种非物质文化遗产世代相传，在各社区和群体适应周围环境以及与自然和历史的互动中，被不断地再创造，为这些社区和群体提供认同感和持续感，从而增强对文化多样性和人类创造力的尊重。在本公约中，只考虑符合现有的国际人权文件，各社区、群体和个人之间相互尊重的需要和顺应可持续发展的非物质文化遗产。

2. 按上述第 1 项的定义，“非物质文化遗产”包括以下方面：

（1）口头传统和表现形式，包括作为非物质文化遗产媒介的语言；

（2）表演艺术；

（3）社会实践、仪式、节庆活动；

（4）有关自然界和宇宙的知识和实践；

（5）传统手工艺。

3.“保护”指确保非物质文化遗产生命力的各种措施，包括这种遗产各个方面的确认、立档、研究、保存、保护、宣传、弘扬、传承（特别是通过正规和非正规教育）和振兴。

4.“缔约国”指受本公约约束且本公约在它们之间也通用的国家。

5. 本公约经必要修改对根据第 33 条所述之条件成为其缔约方之领土也适用。在此意义上，“缔约国”亦指这些领土。

第 3 条　与其他国际文书的关系

本公约的任何条款均不得解释为：

（1）改变与任一非物质文化遗产直接相关的世界遗产根据 1972 年《保护世界文化和自然遗产公约》所享有的地位，或降低其受保护的程度；

（2）影响缔约国从其作为缔约方的任何有关知识产权或使用生物和生态资源的国际文书所获得的权利和所负有的义务。

Ⅱ. 公约的有关机关

第 4 条　缔约国大会

1. 兹建立缔约国大会，下称“大会”。大会为本公约的最高权力机关。

2. 大会每两年举行一次常会。如若它作出此类决定或政府间保护非物质文化遗产委员会或至少三分之一的缔约国提出要求，可举行特别会议。

3. 大会应通过自己的议事规则。

第 5 条　政府间保护非物质文化遗产委员会

1. 兹在教科文组织内设立政府间保护非物质文化遗产委员会，下称“委员会”。在本公约依照第34条的规定生效之后，委员会由参加大会之缔约国选出的18个缔约国的代表组成。

2. 在本公约缔约国的数目达到50个之后，委员会委员国的数目将增至24个。

第6条　委员会委员国的选举和任期

1. 委员会委员国的选举应符合公平的地理分配和轮换原则。

2. 委员会委员国由本公约缔约国大会选出，任期四年。

3. 但第一次选举当选的半数委员会委员国的任期为两年。这些国家在第一次选举后抽签指定。

4. 大会每两年对半数委员会委员国进行换届。

5. 大会还应选出填补空缺席位所需的委员会委员国。

6. 委员会委员国不得连选连任两届。

7. 委员会委员国应选派在非物质文化遗产各领域有造诣的人士为其代表。

第7条　委员会的职能

在不妨碍本公约赋予委员会的其他职权的情况下，其职能如下：

1. 宣传公约的目标，鼓励并监督其实施情况；

2. 就好的做法和保护非物质文化遗产的措施提出建议；

3. 按照第25条的规定，拟订利用基金资金的计划并提交大会批准；

4. 按照第25条的规定，努力寻求增加其资金的方式方法，并为此采取必要的措施；

5. 拟订实施公约的业务指南并提交大会批准；

6. 根据第29条的规定，审议缔约国的报告并将报告综述提交大会；

7. 根据委员会制定的、大会批准的客观遴选标准，审议缔约国提出的申请并就以下事项作出决定：

（1）列入第16条、第17条和第18条述及的名录和提名；

（2）按照第22条的规定提供国际援助。

第8条　委员会的工作方法

1. 委员会对大会负责。它向大会报告自己的所有活动和决定。

2. 委员会以其委员的三分之二多数通过自己的议事规则。

3. 委员会可设立其认为执行任务所需的临时特设咨询机构。

4. 委员会可邀请在非物质文化遗产各领域确有专长的任何公营或私营机构以及任何自然人参加会议，就任何具体的问题向其请教。

第9条　咨询组织的认证

1. 委员会应建议大会认证在非物质文化遗产领域确有专长的非政府组织具有向委员会提供咨询意见的能力。

2. 委员会还应向大会就此认证的标准和方式提出建议。

第10条　秘书处

1. 委员会由教科文组织秘书处协助。

2. 秘书处起草大会和委员会文件及其会议的议程草案和确保其决定的执行。

Ⅲ. 在国家一级保护非物质文化遗产

第11条　缔约国的作用

各缔约国应该：

1. 采取必要措施确保其领土上的非物质文化遗产受到保护；

2. 在第2条第3项提及的保护措施内，由各社区、群体和有关非政府组织参与，确认和确定其领土上的各种非物质文化遗产。

第12条　清单

1. 为了使其领土上的非物质文化遗产得到确认以便加以保护，各缔约国应根据自己的国情拟订一份或数份关于这类遗产的清单，并应定期加以更新。

2. 各缔约国在按第29条的规定定期向委员会提交报告时，应提供有关这些清单的情况。

第13条　其他保护措施

为了确保其领土上的非物质文化遗产得到保护、弘扬和展示，各缔约国应努力做到：

（1）制定一项总的政策，使非物质文化遗产在社会中发挥应有的作用，并将这种遗产的保护纳入规划工作；

（2）指定或建立一个或数个主管保护其领土上的非物质文化遗产的机构；

（3）鼓励开展有效保护非物质文化遗产，特别是濒危非物质文化遗产的科学、技术和艺术研究以及方法研究；

（4）采取适当的法律、技术、行政和财政措施，以便：

1）促进建立或加强培训管理非物质文化遗产的机构以及通过为这种遗产提供活动和表现的场所和空间，促进这种遗产的传承；

2）确保对非物质文化遗产的享用，同时对享用这种遗产的特殊方面的习俗做法予以尊重；

3）建立非物质文化遗产文献机构并创造条件促进对它的利用。

第14条　教育、宣传和能力培养

各缔约国应竭力采取种种必要的手段，以便：

（1）使非物质文化遗产在社会中得到确认、尊重和弘扬，主要通过：

1）向公众，尤其是向青年进行宣传和传播信息的教育计划；

2）有关社区和群体的具体的教育和培训计划；

3）保护非物质文化遗产，尤其是管理和科研方面的能力培养活动；

4）非正规的知识传播手段。

（2）不断向公众宣传对这种遗产造成的威胁以及根据本公约所开展的活动；

（3）促进保护表现非物质文化遗产所需的自然场所和纪念地点的教育。

第 15 条　社区、群体和个人的参与

缔约国在开展保护非物质文化遗产活动时，应努力确保创造、延续和传承这种遗产的社区、群体，有时是个人的最大限度的参与，并吸收他们积极地参与有关的管理。

Ⅳ. 在国际一级保护非物质文化遗产

第 16 条　人类非物质文化遗产代表作名录

1. 为了扩大非物质文化遗产的影响，提高对其重要意义的认识和从尊重文化多样性的角度促进对话，委员会应该根据有关缔约国的提名编辑、更新和公布人类非物质文化遗产代表作名录。

2. 委员会拟订有关编辑、更新和公布此代表作名录的标准并提交大会批准。

第 17 条　急需保护的非物质文化遗产名录

1. 为了采取适当的保护措施，委员会编辑、更新和公布急需保护的非物质文化遗产名录，并根据有关缔约国的要求将此类遗产列入该名录。

2. 委员会拟订有关编辑、更新和公布此名录的标准并提交大会批准。

3. 委员会在极其紧急的情况（其具体标准由大会根据委员会的建议加以批

准）下，可与有关缔约国协商将有关的遗产列入第 1 段所提之名录。

第 18 条　保护非物质文化遗产的计划、项目和活动

1. 在缔约国提名的基础上，委员会根据其制定的、大会批准的标准，兼顾发展中国家的特殊需要，定期遴选并宣传其认为最能体现本公约原则和目标的国家、分地区或地区保护非物质文化遗产的计划、项目和活动。

2. 为此，委员会接受、审议和批准缔约国提交的关于要求国际援助拟订此类提名的申请。

3. 委员会按照它确定的方式，配合这些计划、项目和活动的实施，随时推广有关经验。

V . 国际合作与援助

第 19 条　合作

1. 在本公约中，国际合作主要是交流信息和经验，采取共同的行动，以及建立援助缔约国保护非物质文化遗产工作的机制。

2. 在不违背国家法律规定及其习惯法和习俗的情况下，缔约国承认保护非物质文化遗产符合人类的整体利益，保证为此目的在双边、分地区、地区和国际各级开展合作。

第 20 条　国际援助的目的

可为如下目的提供国际援助：

（1）保护列入《急需保护的非物质文化遗产名录》的遗产；

（2）按照第 11 条和第 12 条的精神编制清单；

（3）支持在国家、分地区和地区开展的保护非物质文化遗产的计划、项目和活动；

（4）委员会认为必要的其他一切目的。

第 21 条　国际援助的形式

第 7 条的业务指南和第 24 条所指的协定对委员会向缔约国提供援助作了规定，可采取的形式如下：

（1）对保护这种遗产的各个方面进行研究；

（2）提供专家和专业人员；

（3）培训各类所需人员；

（4）制订准则性措施或其他措施；

（5）基础设施的建立和营运；

（6）提供设备和技能；

（7）其他财政和技术援助形式，包括在必要时提供低息贷款和捐助。

第 22 条　国际援助的条件

1. 委员会确定审议国际援助申请的程序和具体规定申请的内容，包括打算采取的措施、必须开展的工作及预计的费用。

2. 如遇紧急情况，委员会应对有关援助申请优先审议。

3. 委员会在作出决定之前，应进行其认为必要的研究和咨询。

第 23 条　国际援助的申请

1. 各缔约国可向委员会递交国际援助的申请，保护在其领土上的非物质文化遗产。

2. 此类申请也可由两个或数个缔约国共同提出。

3. 申请应包含第 22 条第 1 段规定的所有资料和所有必要的文件。

第 24 条　受援缔约国的任务

1. 根据本公约的规定，国际援助应依据受援缔约国与委员会之间签署的协定来提供。

2. 受援缔约国通常应在自己力所能及的范围内分担国际所援助的保护措施的费用。

3. 受援缔约国应向委员会报告关于使用所提供的保护非物质文化遗产援助的情况。

Ⅵ. 非物质文化遗产基金

第 25 条　基金的性质和资金来源

1. 兹建立一项“保护非物质文化遗产基金”，下称“基金”。

2. 根据教科文组织《财务条例》的规定，此项基金为信托基金。

3. 基金的资金来源包括：

（1）缔约国的纳款；

（2）教科文组织大会为此所拨的资金；

（3）以下各方可能提供的捐款、赠款或遗赠：

1）其他国家；

2）联合国系统各组织和各署（特别是联合国开发计划署）以及其他国际组织；

3）公营或私营机构和个人。

（4）基金的资金所得的利息；

（5）为本基金募集的资金和开展活动之所得；

（6）委员会制定的基金条例所许可的所有其他资金。

4. 委员会对资金的使用视大会的方针来决定。

5. 委员会可接受用于某些项目的一般或特定目的的捐款及其他形式的援助，只要这些项目已获委员会的批准。

6. 对基金的捐款不得附带任何与本公约所追求之目标不相符的政治、经济或其他条件。

第 26 条　缔约国对基金的纳款

1. 在不妨碍任何自愿补充捐款的情况下，本公约缔约国至少每两年向基金纳一次款，其金额由大会根据适用于所有国家的统一的纳款额百分比加以确定。缔约国大会关于此问题的决定由出席会议并参加表决，但未作本条第 2 段中所述声明的缔约国的多数通过。在任何情况下，此纳款都不得超过缔约国对教科文组织正常预算纳款的百分之一。

2. 但是，本公约第 32 条或第 33 条中所指的任何国家均可在交存批准书、接受书、核准书或加入书时声明不受本条第 1 段规定的约束。

3. 已作本条第 2 段所述声明的本公约缔约国应努力通知联合国教育、科学及文化组织总干事收回所作声明。但是，收回声明之举不得影响该国在紧接着的下一届大会开幕之日前应缴的纳款。

4. 为使委员会能够有效地规划其工作，已作本条第 2 段所述声明的本公约缔约国至少应每两年定期纳一次款，纳款额应尽可能接近它们按本条第一款规定应交的数额。

5. 凡拖欠当年和前一日历年的义务纳款或自愿捐款的本公约缔约国不能当选为委员会委员，但此项规定不适用于第一次选举。已当选为委员会委员的缔约国的任期应在本公约第 6 条规定的选举之时终止。

第 27 条　基金的自愿补充捐款

除了第 26 条所规定的纳款，希望提供自愿捐款的缔约国应及时通知委员会以使其能对相应的活动作出规划。

第 28 条　国际筹资运动

缔约国应尽力支持在教科文组织领导下为该基金发起的国际筹资运动。

Ⅶ. 报 告

第 29 条　缔约国的报告

缔约国应按照委员会确定的方式和周期向其报告它们为实施本公约而通过的法律、规章条例或采取的其他措施的情况。

第 30 条　委员会的报告

1. 委员会应在其开展的活动和第 29 条提及的缔约国报告的基础上，向每届大会提交报告。

2. 该报告应提交教科文组织大会。

Ⅷ. 过渡条款

第 31 条　与宣布人类口头和非物质遗产代表作的关系

1. 委员会应把在本公约生效前宣布为“人类口头和非物质遗产代表作”的遗产纳入人类非物质文化遗产代表作名录。

2. 把这些遗产纳入人类非物质文化遗产代表作名录绝不是预设按第 16 条第 2 段将确定的今后列入遗产的标准。

3. 在本公约生效后，将不再宣布其他任何人类口头和非物质遗产代表作。

Ⅸ．最后条款

第 32 条　批准、接受或核准

1. 本公约须由教科文组织会员国根据各自的宪法程序予以批准、接受或核准。

2. 批准书、接受书或核准书应交存教科文组织总干事。

第 33 条　加入

1. 所有非教科文组织会员国的国家，经本组织大会邀请，均可加入本公约。

2. 没有完全独立，但根据联合国大会第 1514（XV）号决议被联合国承认为充分享有内部自治，并且有权处理本公约范围内的事宜，包括有权就这些事宜签署协议的地区也可加入本公约。

3. 加入书应交存教科文组织总干事。

第 34 条　生效

本公约在第三十份批准书、接受书、核准书或加入书交存之日起的三个月后生效，但只涉及在该日或该日之前交存批准书、接受书、核准书或加入书的国家。对其他缔约国来说，本公约则在这些国家的批准书、接受书、核准书或加入书交存之日起的三个月之后生效。

第 35 条　联邦制或非统一立宪制

对实行联邦制或非统一立宪制的缔约国实行下述规定：

（1）在联邦或中央立法机构的法律管辖下实施本公约各项条款的国家的联邦或中央政府的义务与非联邦国家的缔约国的义务相同；

（2）在构成联邦，但按照联邦立宪制无须采取立法手段的各个州、成员国、省或行政区的法律管辖下实施本公约的各项条款时，联邦政府应将这些条款连同其建议一并通知各个州、成员国、省或行政区的主管当局。

第 36 条　退出

1. 各缔约国均可宣布退出本公约。

2. 退约应以书面退约书的形式通知教科文组织总干事。

3. 退约在接到退约书十二个月之后生效。在退约生效日之前不得影响退约国承担的财政义务。

第 37 条　保管人的职责

教科文组织总干事作为本公约的保管人，应将第 32 条和第 33 条规定交存的所有批准书、接受书、核准书或加入书和第 36 条规定的退约书的情况通告本组织各会员国、第 33 条提到的非本组织会员国的国家和联合国。

第 38 条　修订

1. 任何缔约国均可书面通知总干事，对本公约提出修订建议。总干事应将此通知转发给所有缔约国。如在通知发出之日起六个月之内，至少有一半的缔约国回复赞成此要求，总干事应将此建议提交下一届大会讨论，决定是否通过。

2. 对本公约的修订须经出席并参加表决的缔约国三分之二多数票通过。

3. 对本公约的修订一旦通过，应提交缔约国批准、接受、核准或加入。

4. 对于那些已批准、接受、核准或加入修订的缔约国来说，本公约的修订在三分之二的缔约国交存本条第 3 段所提及的文书之日起三个月之后生效。此后，对任何批准、接受、核准或加入修订的缔约国来说，在其交存批准书、接受书、核准书或加入书之日起三个月之后，本公约的修订即生效。

5. 第 3 段和第 4 段所确定的程序对有关委员会委员国数目的第 5 条的修订不适用。

此类修订一经通过即生效。

6. 在修订依照本条第 4 段的规定生效之后成为本公约缔约国的国家如无表示异议，应：

（1）被视为修订的本公约的缔约方；

（2）但在与不受这些修订约束的任何缔约国的关系中，仍被视为未经修订之公约的缔约方。

第 39 条　有效文本

本公约用英文、阿拉伯文、中文、西班牙文、法文和俄文拟定，六种文本具有同等效力。

第 40 条　登记备案

根据《联合国宪章》第 102 条的规定，本公约应按教科文组织总干事的要求交联合国秘书处备案。

附录二：世界遗产类型和定义、入选标准和评价标准

「世界遗产类型与定义」

按照联合国教科文组织的世界遗产公约约定，世界遗产分为“自然遗产”、“文化遗产”、“自然遗产与文化遗产双重遗产”和“文化景观”四大类。

不同类型的世界遗产具有明确的定义和供会员国提名及遗产委员会审批遵循的标准。

「世界遗产公约标志释义」

图：世界遗产标志

世界遗产标志象征着文化遗产与自然遗产之间相互依存的关系：中央的正方形代表人类创造的形状，圆圈代表大自然，两者密切相连。标志呈圆形，又表示地球及保护意义。圆圈外分别是英文、法文和西班牙文的“世界遗产”。

「世界遗产——提名基准」

世界遗产的提名须具有‘突出的普世价值’以及至少满足以下十项基准之一：

1. 表现人类创造力的经典之作；

2. 在某期间或某种文化圈里对建筑、技术、纪念性艺术、城镇规划、景观设计之发展有巨大影响，促进人类价值的交流；

3. 呈现有关现存或者已经消失的文化传统、文明的独特或稀有之证据；

4. 关于呈现人类历史重要阶段的建筑类型，或者建筑及技术的组合，或者景观上的卓越典范；

5. 代表某一个或数个文化的人类传统聚落或土地使用，提供出色的典范——特别是因为难以抗拒的历史潮流而处于消灭危机的场合；

6. 具有显著普遍价值的事件、活的传统、理念、信仰、艺术及文学作品，有直接或实质的联结；

7. 代表生命进化的记录、重要且持续的地质发展过程、具有意义的地形学或地文学特色等的地球历史主要发展阶段的显著例子；

8. 包含出色的自然美景与美学重要性的自然现象或地区；

9. 在陆上、淡水、沿海及海洋生态系统及动植物群的演化与发展上，代表持续进化中的生态学及生物学过程的显著例子；

10. 拥有最重要及显著的多元性生物自然生态栖息地，包含从保育或科学的角度来看，符合普世价值的濒临绝种动物种。

「文化遗产」

定义

文物：从历史、艺术或科学角度看，具有突出、普遍价值的建筑物、碑雕和碑画，具有考古性质的成分或结构、铭文、窟洞及联合体。

建筑群：从历史、艺术或科学角度看，在建筑形式、分布均匀或与环境景观结合方面，具有突出、普遍价值的单独或相互联系的建筑群。

遗址：从历史、美学、人种学或人类学角度看，具有突出、普遍价值的人造工程或人与自然的共同杰作以及考古遗址地带。

标准

1. 代表一种独特的艺术成就，一种创造性的天才杰作。

2. 能在一定时期内或世界某一文化区域内，对建筑艺术、纪念物艺术、规划或景观设计方面的发展产生过重大影响。

3. 能为一种已消逝的文明或文化传统提供一种独特的或至少是特殊的见证。

4. 可作为一种建筑或建筑群或景观的杰出范例，展示人类历史上一个（或几个）重要阶段。

5. 可作为传统的人类居住地或使用地的杰出范例，代表一种（或几种）文化，尤其在不可逆转之变化的影响下变得易于损坏。

6. 与具有特殊普遍意义的事件或现行传统或思想或信仰或文学艺术作品有直接和实质的联系（委员会认为，只有在某些特殊情况下或该项标准与其他标准一起作用时，此款才能成为列入《名录》的理由）。

「自然遗产」

定义

从美学或科学角度看，具有突出、普遍价值的由地质和生物结构或这类结构群组成的自然面貌。

从科学或保护角度看，具有突出、普遍价值的地质和自然地理结构以及明确规定的濒危动植物物种生境区。

从科学、保护或自然美角度看，具有突出、普遍价值的天然名胜或明确划定的自然地带。

标准

1. 构成代表地球现代化史中重要阶段的突出例证。

2. 构成代表进行中的重要地质过程、生物演化过程以及人类与自然环境相互关系的突出例证。

3. 独特、稀少或绝妙的自然现象、地貌或具有罕见自然美的地带。

4. 尚存的珍稀或濒危动植物种的栖息地。

「文化景观」

文化景观是 1992 年 12 月在美国圣菲召开的联合国教科文组织世界遗产委员会第 16 届会议时提出并纳入《世界遗产名录》中。 文化景观代表《保护世界文化和自然遗产公约》第一条所表述的“自然与人类的共同作品”。

列入《世界遗产名录》的古迹遗址、自然景观一旦受到某种严重威胁，经过世界遗产委员会调查和审议，可列入《处于危险之中的世界遗产名录》，以待采取紧急抢救措施。

定义和类型

1. 由人类有意设计和建筑的景观。包括出于美学原因建造的园林和公园景观，它们经常（但并不总是）与宗教或其他概念性建筑物或建筑群有联系。

2. 有机进化的景观。它产生于最初始的一种社会、经济、行政以及宗教需要、并通过与周围自然环境的相联系或相适应而发展到目前的形式。它又包括两种次类别，一是残遗物（化石）景观，代表一种过去某段时间已经完结的进化过程，不管是突发的或是渐进的。它们之所以具有突出、普遍价值，就在于显著特点依然体现在实物上。二是持续性景观，它在当地与传统生活方式相联系的社会中，保持一种积极的社会作用，而且其自身演变过程仍在进行之中，同时又展示了历史上其演变发展的物证。

3. 关联性文化景观。这类景观列入《世界遗产名录》，以与自然因素、强烈的宗教、艺术或文化相联系为特征，而不是以文化物证为特征。

「遗产线路」

这一概念于1994年在马德里文化线路世界遗产专家会议上正式提出。定义经过多次完善。2008年，在加拿大魁北克召开的ICOMOS第16届大会上，《关于文化线路的国际古迹遗址理事会宪章》得以通过，对文化线路的定义、要素、内容、环境、特殊指标、类型、识别、真实性和完整性以及相关研究进行了详细阐释。

已有包括中国的丝绸之路和大运河、西班牙圣地亚哥朝圣之路、法国米迪运河、荷兰阿姆斯特丹防御战线、奥地利塞默林铁路、印度大吉岭铁路、阿曼乳香之路、日本纪伊山脉圣地和朝圣之路、以色列香料之路等超过30条文化线路被《文化线路宪章》确认。

定义

任何交通线路，或陆上，或水上，或其他类型，有清晰物理界限和自身特殊的动态机制和历史功能，以服务于一个特定的明确界定的目的，且必须满足以下条件：

1. 必须来自并反映人类的互动，和跨越较长时期的民族、国家、地区或大陆间的多维、持续、互惠的货物、思想、知识和价值观的交流。

2. 必须在时空上促进受影响文化间的交流，使它们在物质和非物质遗产上都反映出来。

3. 必须要集中在一个与其存在有历史关系和有文化遗产关联的动态系统中。

「人类口述和非物质遗产」

定义和类型

人类口述和非物质遗产（简称非物质文化遗产）又称无形遗产，是相对于有形遗产，即可传承的物质遗产而言的概念。指各民族人民世代相承的、与群众生活密切相关的各种传统文化表现形式（如民俗活动、表演艺术、传统知识和技能，以及与之相关的器具、实物、手工制品等）和文化空间。

《公约》指出，非物质文化遗产概念中的非物质性的涵义，是与满足人们物质生活基本需求的物质生产相对而言的，是指以满足人们的精神生活需求为目的的精神生产这层涵义上的非物质性。所谓非物质性，并不是与物质绝缘，而是指其偏重于以非物质形态存在的精神领域的创造活动及其结晶。2003 年 10 月通过的《保护非物质文化遗产国际公约》指出，非物质文化遗产应涵盖五个方面的项目：

(1) 口头传说和表述，包括作为非物质文化遗产媒介的语言；

(2) 表演艺术；

(3) 社会风俗、礼仪、节庆；

(4) 有关自然界和宇宙的知识和实践；

(5) 传统的手工艺技能。

「世界记忆遗产」

定义

世界记忆遗产又称世界记忆工程或世界档案遗产，是联合国教科文组织于1992年启动的一个文献保护项目，其目的是对世界范围内正在逐渐老化、损毁、消失的文献记录，通过国际合作与使用最佳技术手段进行抢救，从而使人类的记忆更加完整。

《世界记忆遗产名录》收录具有世界意义的文献遗产，世界记忆遗产是世界文化遗产项目的延伸，世界文化遗产关注的是具有历史、美术、考古、科学或人类学研究价值的建筑物或遗址，而世界记忆遗产关注的则是文献遗产。

「世界农业遗产」

2002年8月，联合国粮农组织（FAO）、联合国发展计划署（UNDP）和全国环境基金（GEF）开始启动全球重要农业文化遗产项目（Globally-Important Ingenious Agricultural Herit-age Systems，GIAHS）。其目的是建立全球重要农业文化遗产及其有关的景观、生物多样性、知识和文化保护体系，并在世界范围内得到认可和保护，使之成为可持续管理的基础。

截至2010年，中国浙江青田“稻鱼共生系统”、云南红河“哈尼稻作梯田系统”和江西万年“稻作文化系统”被列为世界农业文化遗产。

定义

农村与其所处环境长期协同进化和动态适应下所形成的独特的土地利用系统和农业景观，这些系统与景观具有丰富的生物多样性，而且可以满足当地社会经济与文化发展的需要，有利于促进区域可持续发展。

这些建立在当地动态知识和实践经验基础上的农业系统巧夺天工的，反映了人类与自然环境的协调发展。不仅产生了独具特色的美学景观，维持了具有全球意义的农业生物多样性、具有自我调节能力的生态系统和具有重要价值的文化遗产，而且最重要的是为人类持续提供了多样化的产品和服务，保障了人类的生计安全和生活质量。

突出特征包括5个主要关键的资源禀赋、产品与服务以及该系统的其他特征：

（1）生物多样性和生态系统功能；

（2）景观和水土资源管理特征；

（3）食物与生计安全性；

（4）社会组织与文化（包括为农业生态管理的常规机构、为资源获得和利益分享的标准安排、价值体系、礼仪）；

（5）知识体系与农民技术（包括技术、相关的价值体系、知识传播、语言和口头传统、艺术、哲学、世界观）。

选择性的指标为：

系统提供的其他产品与服务（包括生态系统服务功能、气候适应性和其他具有全球重要性或特殊特征的环境效益等，如人类学/历史价值或对政治稳定的贡献）。

参考文献

出版物类

[1] 中国城市科学研究会 . 中国低碳生态城市发展战略 . 北京 : 中国城市出版社，2009.

[2] 顾军,苑利 . 文化遗产报告:世界文化遗产保护运动的理论与实践 . 北京:社会科学文献出版社，2005.

[3]（美国）刘易斯 · 芒福德 . 城市发展史——起源、演变和前景 . 宋俊岭，倪文彦译 . 北京 : 中国建筑工业出版社，2005.

[4]（美国）阿诺德 · 汤因比 . 历史研究 . 刘北成，郭小凌译 . 上海 : 上海人民出版社，2000.

[5] 张京祥 . 西方城市规划思想史纲 . 南京 : 东南大学出版社，2005.

[6] 周国艳，于立 . 西方现代城市规划理论概论 . 南京 : 东南大学出版社，2010.

[7]（古希腊）柏拉图 . 理想国 . 庞爔春译 . 北京 : 中国社会科学出版社，2009.

[8]（英国）托马斯 · 莫尔 . 乌托邦 . 戴馏龄译 . 北京 : 商务印书馆，1992.

[9] 张隆溪 . 乌托邦 : 观念与实践 : 读书 . 1998 : 12（237）.

[10]（英国）埃比尼泽 · 霍华德 . 明日的田园城市 . 金经元译 . 北京 : 商务印书馆，2000.

[11] 董晓峰等 . 宜居城市评价与规划理论方法研究 . 北京 : 中国建筑工业出版社，2010.

[12]Duhl .L.D.The urban condition : People and policy in the metropolis.New York : Basic Books, 1963.

[13] 黄敬亨,王建同 ."健康城市——世界卫生组织的行动战略":中国初级卫生保健 .1995:9(10).

[14] 高峰，王俊华 . 健康城市 : 21 世纪城市新形态丛书 . 北京 : 中国计划出版社，2005.

[15] 周向红 . 健康城市 : 国际经验与中国方略 . 北京 : 中国建筑工业出版社，2008.

[16]（美国）西尔弗等 . 一个地球,共同的未来——我们正在改变全球环境 . 徐庆华等译校 . 北京：中国环境科学出版社，1999.

[17] 国家环境保护局,国际合作委员会秘书处 . 中国环境与发展国际合作委员会文件汇编 . 北京：中国环境科学出版社，1994.

[18] 陈易 . 城市建设中的可持续发展理论 . 上海 : 同济大学出版社，2003.

[19] 顾朝林等 . 气候变化与低碳城市规划 . 南京 : 东南大学出版社，2009.

[20] 牛文元 . 中国新型城市化报告 2010. 北京 : 科学出版社，2010.

[21] 李前光 . 世界遗产 . 北京 : 中国旅游出版社，2008.

[22]《中国文化遗产年鉴》编辑委员会 . 中国文化遗产 · 2006. 北京 : 文物出版社，2006.

[23] 刘红婴．世界遗产精神．北京：华夏出版社，2006.
[24] 李春霞．人类与遗产丛书·遗产：源起与规则．昆明：云南教育出版社，2008.
[25] 奚传绩．中外设计艺术论著．上海：上海人民美术出版社，2008.
[26]（美国）诺姆·乔姆斯基．失败的国家．上海：上海译文出版社，2008.
[27]（英国）泰勒．原始文化：神话、哲学、宗教、语言、艺术和习俗发展之研究．连树声译．桂林：广西师范大学出版社，2005.
[28]（美国）阿莫斯·拉普卜特 A·Rapoport. 文化特性与建筑设计．常青，张昕，张鹏译．北京：中国建筑工业出版社，2004.
[29] 单霁翔．从“功能城市”走向“文化城市”．天津：天津大学出版社，2007.
[30] 余英时．试论中国文化的重建问题．文化传统与文化重建．北京：生活·读书·新知三联书店，2004.
[31]（美国）莱斯特·R·布朗 .B 模式·4.0，起来，拯救文明．林自新等译．上海：上海科技教育出版社，2010.
[32]（美国）亨廷顿．文明的冲突与世界秩序的重建．周琪等译．北京：新华出版社，2010.
[33] 李振亮．“风景的民族主义”转载《读书》2009 第二期，北京：生活·读书·新知三联书店，2009.
[34]（美国）斯皮罗·科斯托夫．城市的形成——历史进程中的城市模式和城市意义．北京：中国建筑工业出版社，2005.
[35] 邓线平．波兰尼与胡塞尔认识论思想比较研究．北京：知识产权出版社，2009.
[36] 魏宏森．系统论：系统科学哲学—中国文库·科技文化类．北京：世界图书出版公司，2009.
[37]（美国）F. 卡普拉．物理学之“道”：近代物理学与东方神秘主义．朱润生译．北京：北京出版社，1999.
[38]（美国）诺克斯．城市化．顾朝林，汤培源等译．北京：科学出版社，2009.
[39] 钱钟书．旧文四篇．上海：上海古籍出版社，1979.
[40] 孙克勤．世界文化与自然遗产概论．北京：中国地质大学出版社，2005.
[41]（美国）马斯洛．动机与人格．许金声等译．北京：中国人民大学出版社，2007.
[42] 段进，邱国潮．国外城市形态学概论．南京：东南大学出版社，2009.
[43] 夏秀．荣格原型理论初探．济南：山东师范大学出版社，2000.
[44]（英国）泰勒．原始文化．连树声译．桂林：广西师范大学出版社，2005.
[45]（英国）弗雷泽．金枝（上下册）．徐育新等译．北京：新世界出版社，2006.
[46]（France）Quatremere de Quincy. The true，the fictive，and the real：the historical dictionary of architecture of Quatremere de Quincy. London：A. Papadakis，1999.
[47] 汪丽君．建筑类型学．天津：天津大学出版社，2005.
[48]（法国）勒·柯布西耶．走向新建筑．陈志华译．西安：陕西师范大学出版社，2004.
[49] 汪丽君，舒平．类型学建筑——现代建筑思潮研究丛书第一辑．天津：天津大学出版社，2004.

[50]（意大利）阿尔多·罗西．城市建筑．施植明译．台北：中国台湾博远出版公司，1992.
[51]（美国）万斯．延伸的城市——西方文明中的城市形态学．凌霓，潘荣译．北京：中国建筑工业出版社，2007.
[52]（英国）J.B. 麦克劳林．系统方法在城市和区域规划中的应用．北京：中国建筑工业出版社，1988.
[53] ASSET One Immobilienentwicklungs AG，Conceptions of the Desirable，What Cities Ought to Know about the Future. New York：Springer WienNewYork，2007.
[54]（春秋）李耳．邱岳（注评）．道德经．北京：金盾出版社，2009.
[55]（美国）麦克哈格（lan L．McHarg）．设计结合自然．茵经纬译．北京：中国建筑工业出版社，1992.
[56]（加拿大）格兰特．良好社区规划——新城市主义的理论与实践．叶齐茂，倪晓晖译．北京：中国建筑工业出版社，2010.
[57] 段进等．空间研究 3/ 空间句法与城市规划．南京：东南大学出版社，2007.
[58]（英国）詹克斯等．紧缩城市——一种可持续发展的城市形态．周玉鹏等译．北京：中国建筑工业出版社，2004.
[59]（中国香港）扬家明．郊野三十年．中国香港：土地图书有限公司，2007.
[60] 马强．走向“精明增长”：从“小汽车城市”到“公共交通城市”．北京：中国建筑工业出版社，2007.
[61] 丁成日．城市增长与对策——国际视角与中国发展．北京：高等教育出版社，2009.
[62] 王受之．世界现代建筑史．北京：中国建筑工业出版社，1999.
[63] 阮仪三．城市遗产保护论．上海：上海科学技术出版社，2005.
[64] 石崧．以城市绿地系统为先导的城市空间结构研究．武汉：华中师范大学，2002.
[65]（美国）约翰·O·西蒙兹．大地景观：环境规划指南．程里尧译．北京：中国建筑工业出版社，1990.
[66]（美国）奇普·沙利文（Chip Sullivan）．庭院与气候．沈浮，王志姗译．北京：中国建筑工业出版社，2005.
[67] 徐嵩龄．为循环经济定位．产业经济研究 .2004（6）：13.
[68] 杨雪锋等．循环经济学概论．北京：首都经济贸易大学出版社，2009.
[69]（匈牙利）尤纳·弗莱德曼（Yona Friedman）．为家园辩护．秦屹，龚彦译．上海：上海锦绣文章出版社，2007.
[70] 谢守红．城市社区发展与社区规划．北京：中国物资出版社，2008.
[71]（加拿大）格兰特．良好社区规划——新城市主义的理论与实践．叶齐茂，倪晓晖译．北京：中国建筑工业出版社，2010.
[72]Peter Neal. Urban Village and the Making of Communities. London and New York：Spon Press，2003.
[73]Bright，C and Flavin. 2003 世界状态报告“如何利用宗教来建设可持续发展世界”．世界健

康组织（WHO），2002.
[74] 张捷．新城规划与建设概论．天津：天津大学出版社，2009.
[75]（意大利）贾尼·布拉菲瑞．奥尔多·罗西．王莹译．沈阳：辽宁科学技术出版社，2005.
[76]（日本）黑川纪章．新共生思想．覃力等译．北京：中国建筑工业出版社，2009.
[77]（美国）弗兰肯（Pranken，R.F.）．人类动机．郭本禹等译．西安：陕西师范大学出版社，2005.
[78]（美国）威廉·弗莱明，玛丽·马里安．艺术与观念（上、下）．宋协立译．北京：北京大学出版社，2008.
[79] 金岳霖．形式逻辑．北京：人民出版社，1970.
[80] 何新．哲学思考．北京：时事出版社，2010.
[81] 孙施文．现代城市规划理论．北京：中国建筑工业出版社，2007.
[82]（挪威）诺伯舒兹．场所精神——走向建筑现象学．施植明译．武汉：华中科技大学出版社，2010.
[83]（美国）特兰西克．寻找失落空间——城市设计的理论．朱子瑜等译．北京：中国建筑工业出版社，2008.
[84] 金小红．吉登斯结构化理论的逻辑．武汉：华中师范大学出版社，2008.
[85] 邹瑚莹等．博物馆建筑设计——建筑设计指导丛书．北京：中国建筑工业出版社，2002.
[86] 李文儒．全球化下的中国博物馆．北京：文物出版社，2002.
[87]（战国）庄子．朱墨青（整理）．庄子．沈阳：万卷出版公司，2009.
[88]（法国）勒·柯布西耶．明日之城市．李浩译．北京：中国建筑工业出版社，2009.
[89]（瑞士）博奥席耶．勒·柯布西耶全集（第5卷·1946—1952年，牛燕芳，程超译．北京：中国建筑工业出版社，2005.
[90]《大师》编辑部．弗兰克·劳埃德·赖特．武汉：华中科技大学出版社，2007.
[91]（美国）刘易斯·芒福德．城市发展史——起源、演变和前景．宋俊岭，倪文彦译．北京：中国建筑工业出版社，2005.
[92]（美国）凯文·林奇．城市形态．林庆怡等译．北京：华夏出版社，2001.

网站类

[1] www.newspaper. jfdaily. com. 2010，01
[2] www.unesco.org. 2010，01
[3] www.icomos.org. 2010，03
[4] www.whc.unesco.org，2010，03
[5] www.cnwh.org. 2010，03
[6] www. zhidao.baidu.com. 2010，01-05

后 记

“我不知道在别人看来，我是什么样的人；但在我自己看来，我不过就像是一个在海滨玩耍的小孩，为不时发现比寻常更为光滑的一块卵石或比寻常更为美丽的一片贝壳而沾沾自喜，而对于展现在我面前浩瀚的真理的海洋，却全然没有发现……”

——艾萨克 · 牛顿（Isaac Newton）

（后记插图：甄启东）

长生、复活、灵魂和遗产曾被形容为人类实现不朽的四种途径。"世界遗产"这个概念是1999年10月在青城山参加项目规划期间拜访一位道长时第一次得知的，从此，开始关注与世界遗产有关的事件和知识。

城市是否应该成为实现人类不朽的遗产呢？书中提出的"新遗产"观念和"新遗产城市"仅是一段朴素幼稚的思考。

深知书中内容大多止于轻描淡写，无数漏洞令其好像一张需要不断修补的残破的渔网。有待来日的不断织补。

能够完成这篇小结式的文字无疑得益于这些年身边良师益友的无私教诲，从他们那里获取的常识、知识和智慧是最值得珍惜、感激和回味终生的。

诚挚感谢中南财经大学的顾弘教授，英国卡迪夫大学（Cardiff University）的John Punter教授，中央美术学院的张宝玮教授，深圳国际企业服务有限公司的冯佳先生和原德国亚琛市（Aachen）规划局M.Jeager先生。

特别感谢同济大学的阮仪三教授为本书作序以及对"新遗产城市"课题研究的鼓励。

感谢中国建筑工业出版社的唐旭小姐和张华小姐为本书出版给予的热情并专业的支持。

感谢好友毕凯民先生和孙丽娟小姐对本书装帧设计给予的帮助。

最后感谢永远关爱和鼓励我的父母，一直陪伴左右的妻子邓珂和女儿顿佳，她们给予了我学习、工作的持续动力以及生活的无穷乐趣。

李玉峰，1968年生于重庆。现就职于中央美术学院设计研究院。

自1990年起至2010年，先后毕业于中南财经大学商业经济系（商业经济专业）；英国卡迪夫大学（CARDIFF UNIVERSITY）区域与城市规划学院（城市规划专业）和中央美术学院建筑学院（设计艺术专业）。

1995年起进入房地产开发和城市规划行业，曾参与四十余个城市百余个不同类型项目实践，领略到方向、方法与方案；学术、技术与艺术；常识、知识与智慧等朴素概念在城市规划领域的特殊含义。

20余年的学习和工作经历，逐渐养成了在“专业精神”引导下，透过“跨专业视野”思考“新专业方法”的学术志趣。